I0467740

www.ingramcontent.com/pod-product-compliance
Lightning Source LLC
Chambersburg PA
CBHW051340170526
45166CB00002B/893

*9 7 8 1 5 1 9 7 9 5 2 3 6 *

التلوث بالضوضاء والضجيج

بقلم

أ. د. م. م. عصام محمد عبد الماجد

د. محمد عصام محمد عبد الماجد

الطبعة الأولى، 2015، الخبر – خصب.

الترقيم الدولي:

ISBN-13: 978-1519795236
ISBN-10: 1519795238
Printed by CreateSpace, an Amazon.com Company

Available from Amazon.com, CreateSpace.com, and other retail outlets

محتويات الكتاب

قائمة الأشكال الواردة بالكتاب

قائمة الجداول الواردة بالكتاب

قائمة الصناديق الواردة بالكتاب

المقدمة والشكر والتقدير

ابتدأ طرح هذا الكتاب كفكرة لتغطية مفردات كـورس التلـوث الضوضـائي وطرق مكافحته من ضمن منظومة المساقات المختصة في الهندسة البيئية Special Topics in Environmental Engineering 2104-594 - Noise pollution and control التي من المؤمل طرحها مستقبلا بقسم الهندسة البيئية بكلية الهندسة بجامعـة الدمام. حيث يضم المساق المذكور المفردات والتوصيف التالي: ما الضجيج؟ مصـادر التلوث الضوضائي. خصائص الصوت. الآثار على السمع البشري والمستويات الضـارة من الصوت. الآثار على صحة البشر. الآثار النفسية على البشر. الآثار علــى الحيـاة البرية. التأثيرات على الحياة البحرية. قياسات الأجهزة والضوضاء. طرق لتقليل التلوث الضوضائي وحماية نفسك منه. ولقد وضع المقرر بهدف: تعريف القـارئ بالمفـاهيم الأساسية للتلوث الضوضائي وطرق السيطرة عليها، والتعرف على آخر التطورات في أبحاث الهندسة البيئية والتكنولوجيا.

من المخرجات التعليمية المتوقعة من الطالب المنضوي تحت لواء المقـــرر وللـــدارس لمحتواه التالي:

- ✓ فهم المبادئ الأساسية للتلوث الضوضائي.
- ✓ التعرف على العوامل المهمة التي تؤثر على التلوث الضوضائي.
- ✓ تطبيق التقنيات التحليلية لحل المشاكل في قياس التلوث الضوضائي والسيطرة عليه.
- ✓ تصميم أجهزة التحكم في الضوضاء.
- ✓ تزويد الطلاب بفهم القياس والتقييم والسيطرة على الضوضاء المنبعثة من وسائل النقل والبناء والأنشطة الصناعية.

يمكن وصف المعرفة التي سيتم اكتسابها والمهارات المعرفية التي ســتطور ومهــارات العلاقات الشخصية والقدرة على تحمل المسئولية المطلوب تطويرها من المقرر تتفـرد بالتالي:

o إظهار القدرة على التفكير النقدي وإصدار الأحكام المعقولة من خلال الحصول على المعلومات الكمية وغير الكمية وتحليلها وجمعها وتقويمها.

o إظهار المهارات اللازمة للوصول إلى المعلومات ومعالجتها من خلال الطرق التكنولوجية والتقليدية المختلفة.

o إظهار التواصل الفعال من خلال الكتابة والتحدث.

o إظهار المهارات الشخصية الذاتية الفعالة.

o قدرة التقاط الحكم العلمي المعقول ومفاهيم اتخاذ القرار المناسب.

o سوف يغدو الطالب قادرا على تطبيق المعرفة العلمية المكتسبة في هذه الدورة.

o ينبغي أن يكون الطالب قادرا على تصميم الإجراءات وتطبيق الاحتياطات اللازمة لإنتاج نظم دائمة لمكافحة التلوث السمعي والحيلولة دون حدوثه.

o سوف يكون الطالب قادرا على فهم اساليب السيطرة على الملوثات السمعية واستخدامها وتطبيقها بكفاءة وفعالية.

o حضور الطالب في الوقت المحدد للدروس ودورة المخبر.

o أخذ الطالب المسؤولية الشخصية لحل الواجبات المعطاة وتقديمها.

o يتعلم الطالب إدارة وقته في الدراسة الذاتية من مواد المقرر.

o تنمية التفكير الناقد والرسم العقلاني للمخرجات.

من أهم استراتيجيات التدريس التي تستخدم لتطوير تلك المعرفة والمهارات والقدرات واستراتيجيات التعلم المستخدمة في تطوير المهارات المعرفية تضم:

✓ هيكلة المواد الدراسية المقدمة من خلال التسليم النبابعي للمحاضرات.

✓ عملية التعلم التفاعلي من خلال الأسئلة والأجوبة الصفية وداخل المخبر.

✓ العمل المخبري وإشراك الطلاب في تخطيط الاختبارات وتنسيقها.

✓ العمل التجريبي وجمع بيانات الاختبار وتفسيرها.

✓ المناقشة الصفية ومن خلال المجموعة للمفاهيم الأساسية.

✓ الدروس والأعمال المنزلية والمشروع التصميمي القصير والمقالات وندوة الطالب.

✓ نقل المعرفة من خلال المحاضرات والعمل المخبري، والمناقشة في مجموعة، والندوات ..الخ.

✔ تتبع المحاضرات عدة أمثلة، بعضها عملي في الطبيعة، لتوضيح التطبيق والاستخدام.

✔ خطط العمل المخبري حول عدد من التجارب التي تتطلب العمل التحضيري، والاختبار، وجمع البيانات وتفسيرها.

✔ إشراك الطلاب في العملية التدريسية ومناقشة المختبرات مع الأسئلة والأجوبة.

✔ تعطى الواجبات للطلاب على فترات منتظمة لحلها وتقديمها، لترصد 40٪ من الدرجة النهائية المخصصة للتكاليف وتقارير المخبر.

✔ التقارير المخبرية تكون مكتوبة في الشكل المنصوص عليه وينبغي أن تسلم في حينها.

✔ مشاركة الطلاب في المناقشة الصفية ولجان المقابلات.

الطرق المستخدمة لتقويم المعرفة المكتسبة وطرق تقييم اكتساب الطلبة للمهارات المعرفية تشتمل على:

↞ دراسة الحالة والمقابلات والاتصالات المباشرة.

↞ شمول الامتحانات والواجبات المنزلية على المشاكل، والحل الذي يتطلب التفكير النقدي وتحديد الصيغ الصحيحة.

↞ تتطلب تقارير المخبر تحليل البيانات وتفسيرها.

↞ الامتحانات والاختبارات والواجبات المنزلية وتقارير المخبر لتقييم المعارف المكتسبة حول هذا الموضوع.

↞ الامتحان الشفوي في المخبر لفحص قدرة الطالب على إجراء الاختبارات ومعرفته بمفردات المساق.

↞ حلقة النقاش والمقابلات.

↞ عرض شرائح باور بوينت.

ومن ثم فعند الانتهاء بنجاح من هذا المقرر وفور الانتهاء من قراءة هذا الكتاب وفهم محتوياته فمن المتوقع من القارئ الكريم أن يكون قادرا على:

↞ تحديد مصادر التلوث الضوضائي.

↞ معرفة مختلف التأثيرات الضارة للتلوث الضوضائي.

9

- ✓تقدير مستويات الضوضاء وقياس قيمها.
- ✓تطوير منهجيات للسيطرة على التلوث الضوضائي
- ✓توثيق مستويات الضوضاء في نهج منتظم قويم.
- ✓أن يغدو على دراية بالحدود القانونية لكل من مستويات الضوضاء المحيطة ومستويات الضوضاء في بيئة مساحة العمل.
- ✓المقدرة على تنفيذ المهام في الموقع الخاص به والمتعلقة بالتحديد الكمي للتلوث الضوضائي وطرق السيطرة عليه.

وتعميماً للفائدة، فقد ألحقت برامج حاسوب تجريبية لكل مثال في الكتاب، حيث وضعت الشفرة البرمجية مع المثال المقابل لها. أما الواجهة الرسومية لتصميم البرنامج فيمكن إيجادها من الملحق في نهاية الكتاب. وقد برمجت جميع الأمثلة باستخدام لغة البرمجة فيجوال بيسك الإصدار العاشر (Visual Basic .NET 10) وجربت البرامج تحت نظام التشغيل ويندوز الإصدار السابع. بإمكان القارئ إعادة تصميم البرامج باستخدام الشفرة البرمجية والواجهات الرسومية المدرجة بالكتاب، كما يمكن الحصول على ملف مضغوط يحتوي على جميع البرامج المعدة مسبقاً من خلال المواقع الخاصة بالمؤلفين:
http://sites.google.com/site/isamabdelmagid
http://sites.google.com/site/mohammedisam2000

الشكر ممتد ومتصل لكل من ساعد وساهم في اخراج هذا السفر للنور فكراً وعطاءً وجهداً ونبراساً وكتاباً ومعلومةً ومحوراً ومنطقةً وأفراداً وجماعات ومنتديات ومواقع إلكترونية بما تزخر به من معارف وما تحويه من تقانات وما تضمنته من فن رفيع.

المؤلفان

الخبر – مسقط 2016

الفصل الأول: الصوت والضوضاء Noise

ملخص أغراض الفصل

•التعريف بالصوت وانتقاله عبر الأوساط المختلفة.

•أهمية الصوت في الحياة اليومية التفاعلية.

•التعريف بمصادر التلوث الضوضائي وأنواعه.

•التعريف بمستويات الصوت وطرق القياس.

---

1 – 1 مقدمة

التلوث بالضوضاء والضجيج إحدى الملوثات القديمة ولـه تاريـخ طويـل. تتفاوت الضوضاء وتتغير شدتها مع مفرزات التقانة والتقدم الحضرى والتكنولوجى. وقد نوهت منظمة الصحة العالمية إلى أن **"الضوضاء يجب الاعتراف بها باعتبارها خطرا كـبيرا على رفاه الإنسان".**

يقصد بالصوت Sound الحركة التذبذبية ذات الموجة القصيرة فى وسـط مـرن {1}. ويعمل الوسط المهتز على تغير كثافة وسرعة حبيبات الهـواء، كمـا ويـؤثر عليهـا بالضغط. وبذا يقوم كل عنصر من الهواء بنقل كمية الحركة والطاقـة إلـى العناصـر المجاورة، مما يعمل على نقل التغير فى الضغط وإنتشاره فى شكل موجـات. وعلـى درجات حرارة الغرفة ينتشر الصوت فى الهواء بسرعة 340 متر/ثانية، أما فى المـاء فتصل سرعته إلى 1500 متر/ث، لتزداد بانتقاله عبر الحديـد الصـلب إلـى 5000 متر/ث (انظر جدول 1-1). كما وتؤثر درجة الحرارة على سرعة الانتقـال (انظـر جدول 1-2 على سبيل المثال).

11

جدول (1-1) أمثلة للسرعة التقريبية لانتقال الصوت في اوساط مختلفة على درجة حرارة 0°م.

سرعة الصوت (م/ث)	الوسط
331	الهواء
460	الاكسجين
1213	الكحول
1219	الرصاص
1435	الماء
3560	النحاس
3840	الخرصانة
3658	الزجاج
3353	الخشب الناعم
4267	الخشب المقوى
5130	الحديد

جدول (1-2) تأثر سرعة الصوت في الهواء بدرجة حرارة.

درجة الحرارة (°م)	سرعة الصوت (م/ث)
331	0
344	20
386	100
553	500
700	1000

بما أن هذا الإنتشار ينتقل بدالة هندسية فإن أثره ينخفض مع المسافة من مصدر الصوت، كما ويتأثر الصوت ويتلاشى بتضاؤل موجة الصوت من الوسط المرسل لها { 2}. وأهمية الصوت تتمثل فيما يلى:

✔الإتصال بين الناس.

✔الحصول على معلومات عامة من البيئة المحيطة.

✔إعطاء الإنذار المبكر.

✔مصدر للإنشراح والمتعة (مثلافـى حلـة تلاوةللـذكر الحكيـم وترتيلـه، والاستماع للموسيقى ... الخ)

2 – 1 مصادر التلوث الضوضائي *Sources of Noise Pollution*

من أهم الملوثات الضوضائية ومصادر التلوث السمعي التالي:

1) أنظمـة النقـل والحركـة والمـرور: إذ أنهـا تعـد المصـدر الرئـيس لتلـوث الضوضاءفـي المنـاطق الحضرية.

2) تشييد المبانـي والمنشـآت الهندسية والعمرانية والطرق السريعة والشوارع العامـة: والتي تسـبب الكـثير مـن الضوضاء من جراء استخدام ضواغط الهواء والجرلفات وآليـات الرفـع والهـدم والشاحنات القلابة وأجهـزة البنـاء والتشـييد وتسـوية الممرات والأرصفة وغيرها من الآليات والمعدات المعينة على العمل والبناء.

3) الضوضاء الصناعية: الـتي تضيف أيضا إلى الحالة السيئة من أفعال التلوث الضوضائي والسمعي.

صندوق (1-1) الضوضاء والضجيج والتلوث السمعي

✔ كلمة Noise "الضوضاء" مشتقة مـن nausea "الغثيان"، مما يعني دوار البحر seasickness.

✔ يعبر عـن الضوضـاء والضـجيج Noise على أنها الصوت الزائـد غير المرغوب فيه {3}، كمافـى الأصوات الناتجة مـن مفرزات الحضارة مثل: الطائرات، والآليات الصناعية، وأجهزة تكييف الهواء، والشاحنات، وغيرها الكثير.

✔ الضوضاء تعنـي الصـوت غيـر المرغوب فيه وغيـر المطلـوب وجوده، وما الضوضاء إلا شـكل من أشكال الطلقـة المهـدرةمـع ملاحظة أن ليس كل صوت يصدر هو نوع من أنواع الضجيج.

4) مكبرات الصوت Loud speakers ونظم الخطابة الجماهيرية، ومعينـات السباكة، والغلايات والمولدات ومكيفات الهواء والمراوح، والمكانس الكهربائية التي تضيف إلى التلوث الضوضائي القائم بالمنطقة. استخدام مكبرات الصوت وأنظمة مخاطبة الجمهور في الوظائف والعمل والاجتماعات والأماكن الدينية خاصة في المناطق المفتوحة يعتبر مصدر إزعاج ربما ازدادت خطورة تأثيره بالبعد من المصدر أو القرب منه وشدة الاصوات المنبعثة والحلـلـة الصـحية والنفسية والبدنية للمتلقي للصوت.

5) حركة المطارات والطائرات والنقل الجوي.

6) حركة النقل عبر السكك الحديدية والقاطرات.

7) الملوثات داخل المباني والضوضاء الداخلية Noise in building: ساكنو الشقق غالبا تزعجهم الضوضاء في منازلهم خاصة عند التصميم غير الجيــد والبناء والتشييد الخاطئ غير الحاسب لتخطي عقبات الضـجيج والضوضـاء الداخلية والتي ربما انبثقت من أعمال البنـاء الداخلي والصـيانة وللـترميم والسباكة والمراجل والمولدات ومكيفات الهواء والمراوح وغيرها من الوحدات التي قد تكون مسموعة بصورة مزعجة ومقلقة للمضاجع.

8) الضوضاء من المنتجات الاستهلاكية noise from consumer products: بعض المعدات المنزلية المعينة (مثل: المكانس الكهربائية، والخلاطات وبعض أدوات المطبخ ... الخ) تحدث الكثير من الضوضاء بالمنزل، ورغماً عن أنها لا تسبب الكثير من المشاكل الا أنه لا يمكن تجاهلها.

9) الضوضاء من الألعاب والمفرقعات النارية Firecrackers: إن اسـتخدام الالعاب النارية مع مستوى الضوضاء العالية قد تضر نظام الســمع البشـري خاصة لصغار الأطفال والناشئة نسبة لحساسيتهم المفرطة.

هناك نوعان من أنواع التلوث الضوضائي:

أ) الضوضاء المجتمعية community noise أو الضوضاء البيئية (التلوث السمعي أو الضجيج غير الصناعي) ومنها: ضوضاء الطيران والمطارات، وضوضـاء الطريـق، والتلوث الضوضائي تحت المياه. تعرف الضوضاء المجتمعية (وتسمى أيضاً الضوضاء السكنية أو الضوضاء المحلية) على أنها الضوضاء المنبعثة من جميع المصـادر عـدا

14

مناطق العمل الصناعية. وتشمل المصادر الرئيسة لهذا النوع من الضجيج المجتمعي: الطرق والسكك الحديدية والنقل الجوي والبناء والتشييد والأشغال العمومية والمنطقة المحيطة والبيئة المجاورة. ومن ضوضاء البيئة المجاورة النموذجية: الموسيقى الحية أو المسجلة، وتلك الصادرة من مباريات الملاعب الرياضية، وسباق السيارات والضاحية، ومواقف السيارات، ومن الحيوانات المنزلية مثل نباح الكلاب ومواء القطط ونهيق الحمير وصهيل الخيل وبطبطة البط وخوار البقر وطنين البعوض وعرير الصرصور وطنين النحل ونقيق الضفادع ونعيق الغربان ونعيبها ... الخ.

a. ضوضاء الطيران air craft noise pollution: ضجيج الطائرات المحلقة وهديرها فوق المناطق السكنية يضعف قدرة الناس على العمل، ويعيق التعلم والتعليم بالمدرسة، ويقلق المنام، وبالتالي يؤدي إلى تدني قيم العقارات وخفض أسعارها في المناطق المتضررة وربما رفض الاقامة فيها. وكلما زاد حجم نقل الركاب وازدهار المطارات وكبر سعتها واتساع نشاطها كلما أصبحت الضوضاء أكثر مدعاة للقلق.

b. ضوضاء الطريق Roadway noise pollution هي مجموع الطاقة الصوتية الصادرة عن السيارات والآليات المتحركة والتي تساهم بقدر أكبر في الضوضاء البيئية بصورة أكبر من أي مصدر آخر للضجيج، وتنبع عادة من المحركات والإطارات والديناميكا الهوائية والمكابح. وغيرها

c. الضوضاء تحت الماء Under water noise pollution: تعد من الضوضاء الشديدة الناتجة من عمل الإنسان ونشاطه في البيئة البحرية والمسطحات المائية، وربما تنتج عن استخدام المتفجرات، والتجارب في المحيطات والبحوث الجيوفيزيائية، والبناء تحت الماء، وحركة السفن، والأجهزة والمعدات المستخدمة لعمليات المسح للزلازل والحركات التكتونية والتنقيب عن النفط والغاز والأنشطة ذات الصلة.

ب) الضوضاء المهنية Occupational noise (أو التلوث الضوضائي الصناعي): مصادر الضوضاء والآليات والعمليات الصناعية كثيرة ومتنوعة لتشمل: حركة الدوارات والتروس، ودفق السوائل المضطرب والمائر، والعمليات التصنيعية، وعمل الآلات الكهربائية، ومحركات الاحتراق الداخلي، والمعدات التي تعمل بالهواء

المضغوط، ومعدات الحفر والسحق والتفجير، والمضـخات والضـواغط والعنفـات، وانعكاس الأصوات المنبعثة من الأرضيات والسقوف والمعدات والآليات العاملـة ومـا ماثلها. حدود التعرض للضوضاء المهنية تحدد الحد الأقصى لمستويات ضغط الصوت والفترات التي يتعرض لها جميع العمال مراراً وتكراراً دون أي تـأثير سـلبي علـى قدرتهم السمعية وفهم الكلام العادي. ومن ثم فحد التعرض المهني 85 ديسيبل لمـدة 8 ساعات ينبغي أن يحمي معظم العاملين ضد حدوث ضعف دلئـم للسـمع نـاجم عـن الضوضاء بعد مضي أربعين عاما من التعرض للضوضاء المهنية.

يبين شكل 1-1 بعض مصادر الأصوات فى البيئة المحيطة. وبالنسبة لمنطقة حضرية يمكن أن تصدر الضوضاء من وسائل النقل (الطائرات والمطارات، والعبور السـريع، والسيارات والشاحنات، والسكك الحديدية)، أو من المصانع المجاورة، أو مـن جـراء التشييد والإنشاء، أو من المنازل (التبريد والتدفئة، وقطع الحشائش والأشجار، ونظافـة السجاد والموكيت، والتخلص من النفاية). وتتفاوت درجة التلوث الضوضائي من منطقة لأخرى اعتمادا على عوامل متداخلة منها: درجة الرقي والتحضـر، وحركـة السـير والمرور، وصيانة المرافق العامة والطرق والمنشـآءت، ومعـدل انتشـار الجريمـة والحوادث، والنمو العمراني، والازدهار الصناعي، وطرق جمـع النفليـة، والتـدهور السكني، والروائح المنفوثة، والمناطق المهجورة ...الخ.

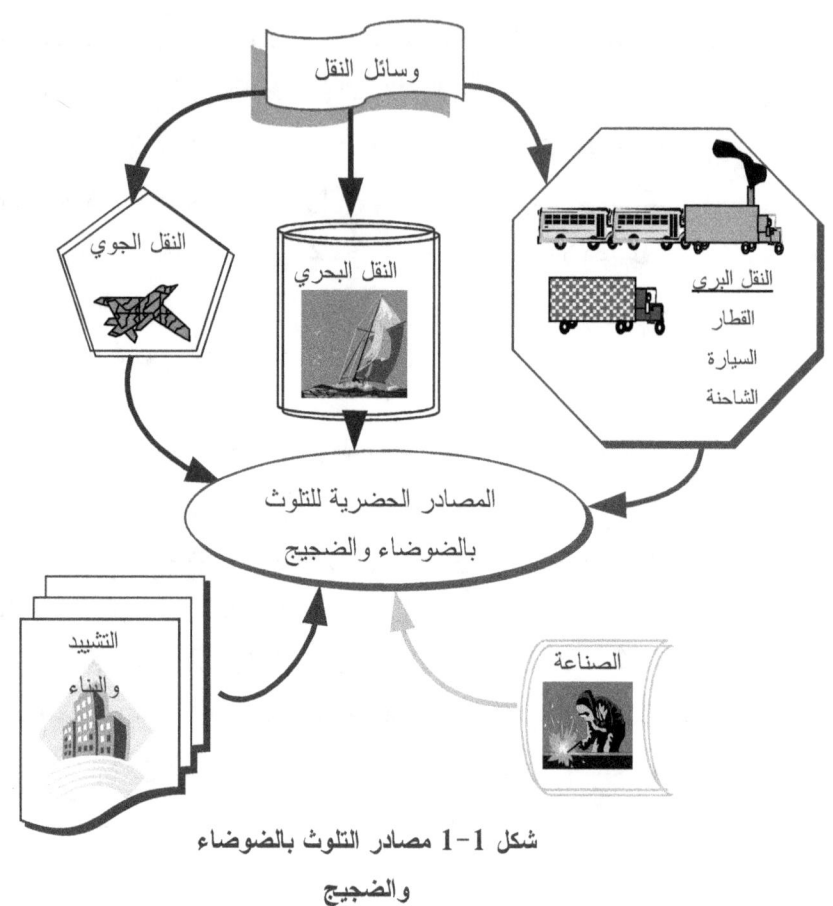

شكل 1-1 مصادر التلوث بالضوضاء
والضجيج

3 – 1 إنتقال الصوت

تعرف الضوضاء على أنها الصوت غير المرغوب فيه، أو الإضطرابات غير المرغوبة
فى نطاق تردد معين على قني الإتصال {4}. وتنتج الإهتزازات المسموعة فـى وسـط
مرن على تردد وشدة تمكنان الأذن البشرية من سماعها. وعادة تقع ترددات الصوت فى
مدى 20 إلى 20,000 تردد فى الثانية (أو ما يعرف بالهرتز Hertz[1])، غير أن مقدرة
الأذن لسماع الأصوات فى الأجزاء العليا من مدى التردد تقل مع كبر عمـر الإنسـان.
وتسمى الإهتزازات التى يقل ترددها عن تردد الصـوت بالأصـوات الداخليـة Intra
Sounds، كما ويطلق على الأصوات ذات التردد العالى إسم فـوق الصـوتية Ultra
Sound {4}.

---

[1] Heinrich Hertz (1857-1894)

17

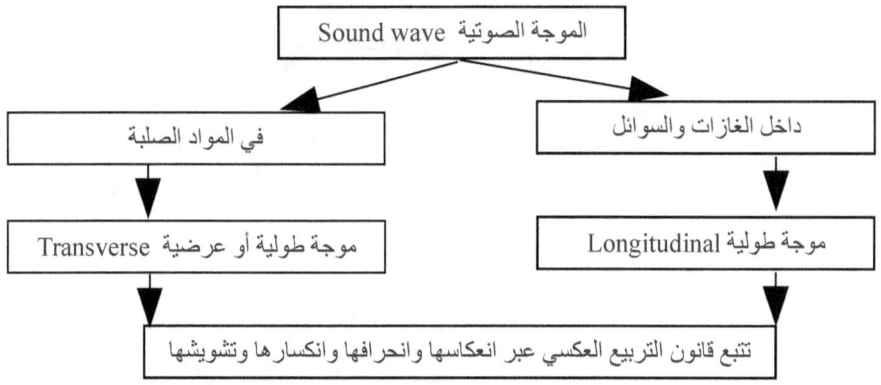

شكل (1-2) سرعة تنقل الموجة الصوتية Speed of sound propagation

الصوت هو عبارة عن نقل طاقة {2ــ 3} يصدر من الإهتزازات الميكانيكية للمادة الصلبة أو المائعة. وتنقل هذه الإهتزازات عبر الأثير الذى يوصلها إلى الأذن، وللتى تعمل بدورها على نقلها إلى نظام الشعور والإحساس عند الإنسان، ليترجمها إلى ما يمكن فهمه {2}. وتتحكم فى إهتزازات المادة كثافتها ودرجة مرونتها. وبسبب للترابط المرن فى المادة تنقل الإهتزازات المحلية إلى العناصر المحيطة. وهذه العملية (نقل الإهتزازات عبر وسط كثيف) تشكل الإنتشار الموجى المرن المسؤول عن نقل الطاقة الميكانيكية أو ما يسمى بالصوتيات Acoustical. وهنالك صلة بين الموجة الصـ وتية والموجات المرنة فى مدى تردد السمع العادى (أى فى حـدود 20 هيرتـز إلــى 20 كيلوهيرتز). أما الموجات التى تكون أدنى أو أعلى من هذا المدى فتمثـل الأصـوات الداخلبة والأصوات فوق الصوتبة، على الترتيب.

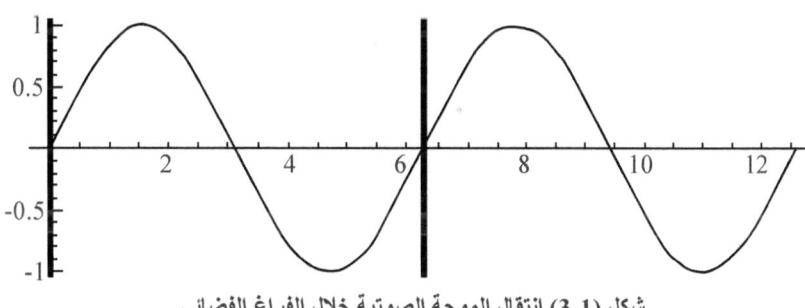

شكل (1-3) انتقال الموجة الصوتية خلال الفراغ الفضائي

18

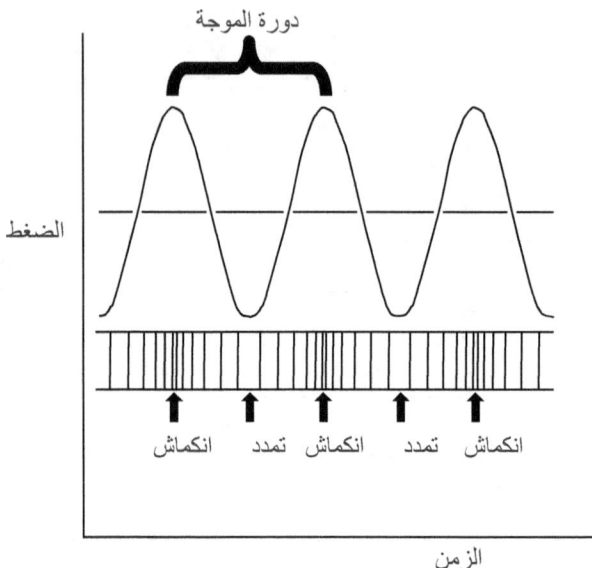

شكل (1-4) تغير ضغط الموجة مع الزمن

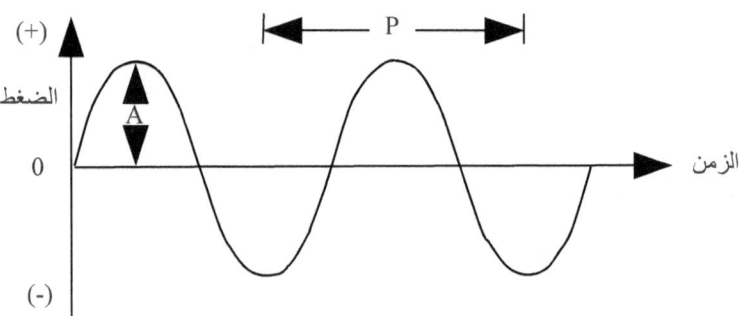

شكل (1-5) السعة والطول الموجي (الفترة) Amplitude and wavelength (period)

فى حالة الموجات المتنقلة Travelling wave (أو المتقدمة) تنتقل الطاقة من نقطة إلى أخرى بواسطة الإهتزازات. والموجات الصوتية هى موجات طويلة يضغط فيها الهواء وتخفيف الضغط عليها بالتناوب بالإزاحة فى إتجاه إنتقاله {4}.

صندوق (1-2) الموجة الصوتية

ومن أهم خواص الموجة سرعة التنقل Speed of propagation، والتردد Frequency، وطول الموجة Wave length والسعة Amplitude.

- سرعة تنقل الموجة هى عبارة عن المسافة التى إنتقلت خلالها الموجة بالنسبة للزمن.
- التردد هو عبارة عن عدد الإضطرابات الكلية (أو عدد الدورات) فى وحدة الزمن، وتقاس بالهرتز.
- طول الموجة فهو عبارة عن المسافة بين نقطتين متتاليتين عبرها.
- السعة (المطال) هو عبارة عن أقصى مسافة للكمية المضطربة من القيمة المتوسطة.

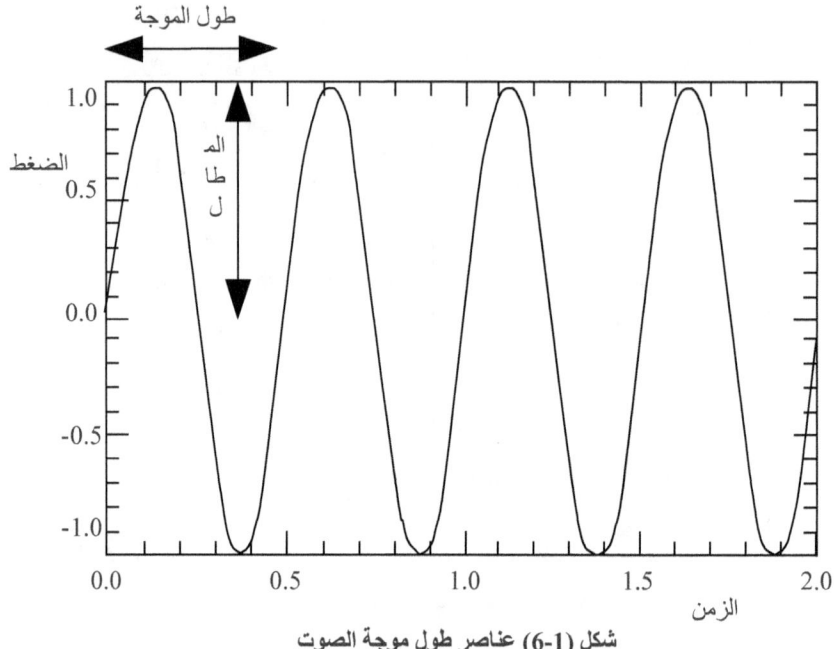

شكل (1-6) عناصر طول موجة الصوت

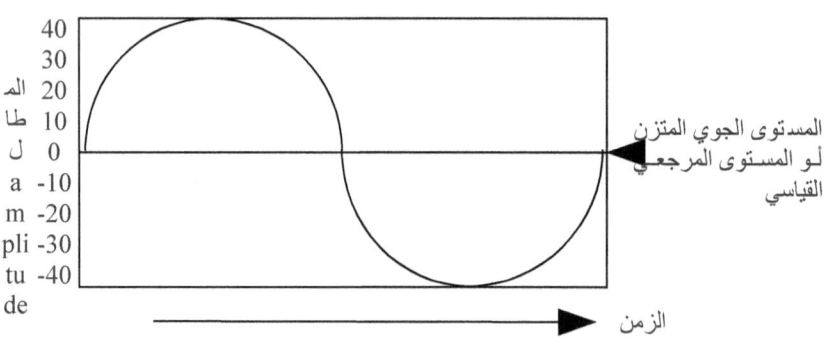

شكل (1-7) تغير المطال مع الزمن

تتفاوت سرعة الصوت بإختلاف المواد ودرجـــة مرونتهـــا، ونـــوع الموجـــة، والخواص الطبيعية للوسط الذى ينتقـــل الصوت فيه {2، 3}. ويمكن تقـــدير السرعة من المعادلة 1-9.

$$C = l*F \qquad\qquad 1-1$$

حيث:

C = سرعة الصوت فى وسط معيـــن (م/ث)

l = طول الموجة (م)

F = التردد (دورة فى الثانية، هيرتز)

صندوق (3-1) قياسات الصوت

1) كثافة الصوت وشدته Sound Intensity (W/m^2) تتناسب مع مربع الجذر التربيعي لمتوسط (root mean square, rms) قيمة ضغط الصوت أو (SPL). مع ملاحظـــة أن لكل زيادة 10 ديسيبل في SPL، فهـــنـــاك عشرة أضعاف زيادة في شدة الصوت.

2) شـــبكات ترجيـــح للـــتردد Frequency Weighting Networks يقسـم فيهـا الضوضاء الى عصابات من التردد المنخفض والمتوسط والعالي. وتقوم الشبكة المرجحة A بتصفية الترددات العالية والمنخفضـة حيثمـا تكون الاذن البشرية أقل كفاءة.

مثال 1-1:

جد طول الموجة لصوت ينتقل من ماكينة معينة علما بأن التردد 60 دورة فى الثانيـــة وينتقل الصوت بسرعة 3 كيلومتر فى الثانية.

الحل:

1)المعطيات: C = 3000 م/ث، F = 60 دورة/ث.

2)جد طول الموجة بإستخدام المعادلة: l = C/F وعليه l = 3000 متر/ث ÷ 60 دورة/ث = 50 م.

برنامج 1-1 لايجاد طول الموجة الصوتية:

```
Public Class Form1

    Private Sub Form1_Load(ByVal sender As System.Object,
        ByVal e As System.EventArgs) Handles MyBase.Load
        Label1.Text = "تردد الصوت-دورة/ث"
        Label2.Text = "سرعة الصوت-كم/ث"
        Label3.Text = "طول موجة الصوت-م"
        Button1.Text = "احسب طول الموجة"
        Me.Text = "مثال 1-1"
        Me.FormBorderStyle =
            Windows.Forms.FormBorderStyle.FixedSingle
        Me.MaximizeBox = False
    End Sub

    Private Sub Button1_Click(ByVal sender As
System.Object,
        ByVal e As System.EventArgs) Handles Button1.Click
        Dim C, F, l As Double
        C = Val(TextBox2.Text) * 1000
        F = Val(TextBox1.Text)
        l = C / F
        TextBox3.Text = FormatNumber(l, 0)
    End Sub
End Class
```

مستوى التعرض للصوت Sound Exposure Level, SEL: يـوفر مستوى التعرض للصوت أساس لحسـاب أحـداث الضجيج لفترات متغيـرة تطابق انطباع الشـخص مـن الضوضـاء. وقـد وحدت إلى ثانية واحدة.

صندوق (1-4) مستويات الصوت

✓ مستوى الصوت المكافئ Equivalent sound level: هو مستوى الصوت الذي لـديه نفـس الطاقة الصوتية كما يفعل الصوت المتغيـر مـع الزمن على مدى الفترة الزمنية المعلنة.

✓ مستوى الصـوت المئـوي Percentile sound level: يعنى به تجاوز مستوى الصوت لقـ يمة مئوية محددة من فترة زمن المراقبة.

✓ متوسط مستوى الصوت لليل والنهار Day-night average sound level: يعادل مستوى الصوت المكافئ لمدة 24 ساعة الذي يشتمل على ديسيبل اضافي خلال ساعات الليل.

مستوى الصوت المكافئ Equivalent Sound Level, Leq: هوعبارة عن SPL المتوسط أو الثابت على مدى فترة من الفائدة.

تحول المشرف المؤقت Temporary Threshold Shift (TTS) قد يؤدي لفقدان مؤقت في السمع (تقريبا خلال مدة قد تصل لحوالي الشهر).
الضجيج المستحث للتحول الدائم في قيمة المشرفNoise -induced permanent threshold shift (NIPTS) قد يقود لفقدان للسمع مع عدم وجود فرصة لاستعادته.

الضجيج العالي (الفون) Loudness in phons: الفون يرتبط بالديسيبل من استجابة التردد المقاس نفسيا وفيزيائيا (psychophysically)، حيث يعادل الفـــون الديســـيبل على تردد واحد كيلو هرتز (Phons = dB at 1 kHz). ولترددات أخرى يحدد نطاق الفون بتجربة الضجيج العالي على البشر المتأثرين به.

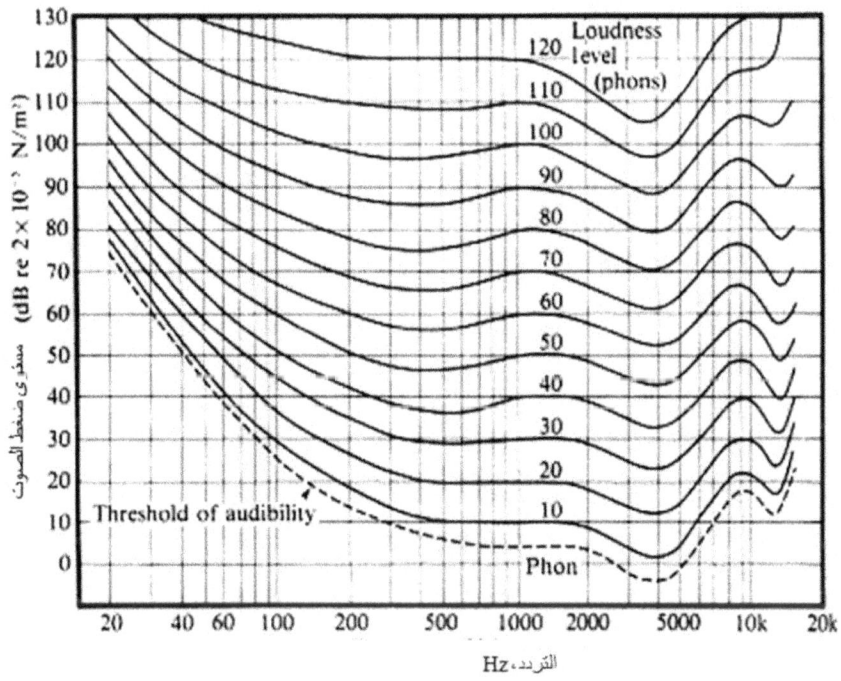

شكل (1-8) تغير ضغط الصوت والتردد.

الصوت المرتفع (سون) Loudness in sones: يشتق سون من الاختبارات النفسية الفيزيائية حيث يحكم الإنسان على أن تكون الأصوات مضـــاعفة الإرتفـــاع والشـــدة. وتتصل هذه الشدة بالفون phons. ويمثل السـون مقـدار 40 فـون (A sone is 40 phons). وأي زيادة بمقدار 10 ديسيبل في مستوى الصوت يناظرهـا مضـــاعفة متصورة في ارتفاع الصوت. ومن ثم يستخدم التقريب في تعريف الفون علـــى النحـــو التالي (انظر شكل 1-9):

0.5 sone = 30 phon, 1 sone = 40 phons, 2 sones = 50 phons, 4 sones = 60 phons, etc.

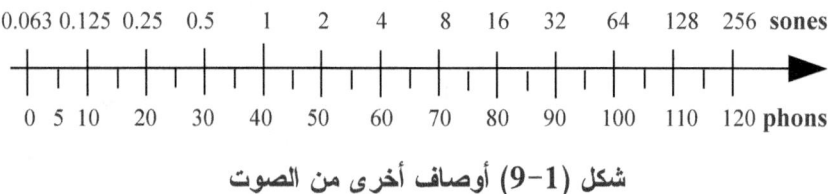

شكل (1-9) أوصاف أخرى من الصوت

الفصل الثاني: فسيولوجيا السمع

ملخص أغراض الفصل

■بيان تركيب الأذن التشريحي.

■معرفة دور كل من مكونات الأذن في عملية السمع.

■فهم كيف تقوم الأذن بتحويل الموجات الصوتية لنبضات كهربية.

---

2 – 1 مقدمة

يمكن تقسيم الأذن من ناحية تشريحية إلى ثلاثة أجزاء: الأذن الخارجيـــة، والوســطى، والداخلية. أما من الناحية الوظيفية فإن الأذن الخارجية والوسطى تعملان كجهاز تعظيم (Amplifier) لتضخيم الصوت الواصل إلى الأذن الداخلية حتى تسهل عملية تحويـــل الموجات الصوتية إلى نبضات كهربية. تتركز وظيفة الأذن فـــي تحويـــل الموجـــات الصوتية الواصلة من البيئة الخارجية لنبضات عصبية في شكل جهود فعليـــة (action potentials) تمر عبر العصب السمعي حتى تصل القشرة السمعية للدماغ. (انظر شكل 2–1).

26

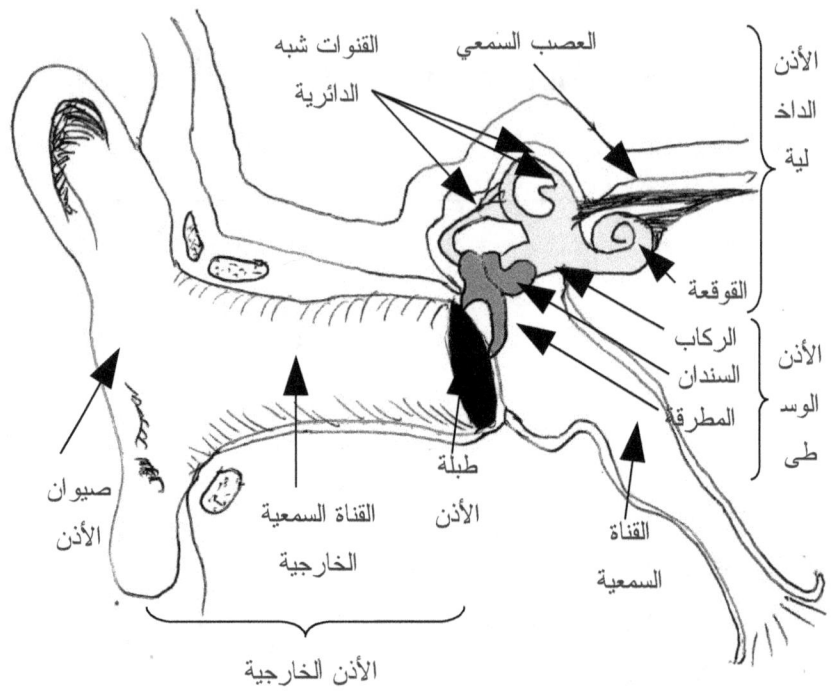

الأذن
الداخ
لية

القنوات شبه   العصب السمعي
الدائرية

القوقعة

الركاب   الأذن
السندان   الوس
المطرقة   طى

طبلة
الأذن

القناة
السمعية

القناة السمعية
الخارجية

صيوان
الأذن

الأذن الخارجية

شكل 2-1 تركيب الأذن التشريحي.

2 - 2 تركيب الأذن التشريحي والوظيفي {21}

2 – 2 - 1 الأذن الخارجية (External ear)

تعمل الأذن الخارجية كقمع تجميع، فتقوم بتركيز الموجات الصوتية الواصلة إليها، ثـــم
تقوم بتوصيلها إلى القناة السمعية الخارجية (External auditory meatus).
تتصل القناة السمعية الخارجية من جهة بالأذن الخارجية، ومن الجهـة الداخليــة فهــي
تتصل بالغشاء السمعي (أو طبلة الأذن) (Tympanic membrane, or eardrum).
الموجات الصوتية الداخلة من الخارج تعبر القناة السمعية الخارجية، حتى تصل للغشاء
السمعي فتقوم بتحريكه.

27

2 – 2 - 2 الأذن الوسطى (Middle ear)

تتكون الأذن الوسطى من غرفة خالية مليئة بالهواء، وموقعها في داخل العظم الصدغي للجمجمة (Temporal bone). تتصل الأذن الوسطى بالجزء الأنفي للحنجرة (Nasopharynx) عبر القناة السمعية (أو قناة استاكيوس) (Auditory or Eustachian tube). قناة الاتصال هذه تكون عادة مغلقة، ولكنها تفتح في حالات معينة (كمضغ الطعام، أو البلع، أو التثاؤب) لكي تعادل الضغط على جانبي طبلة الأذن لحمايتها.

تحتوي الأذن الوسطى على ثلاث عُظَيْمَات سمعية (Auditory ossicles) تسمى: المطرقة (malleus)، والسندان (incus)، والرِّكَاب (stapes).

تكون قبضة المطرقة متصلة بالغشاء السمعي (طبلة الأذن) من جهتها الداخلية، بينما يكون رأس المطرقة متصلاً بجدار الأذن الداخلية، وبروز المطرقة مثبتاً بالسندان.

يتصل السندان من جهة ببروز المطرقة، ومن جهة أخرى برأس الرِّكَاب.

تتصل قاعدة الركاب عبر رباط يسمى الرباط الحلقي الركابي (annular ligament) بالنافذة البيضوية (oval window) والتي تفتح على الأذن الداخلية.

عندما يصل الصوت الخارجي للغشاء السمعي، تتحرك طبلة الأذن طبقاً للموجات الصوتية الواصلة إليها. هذه الحركة المتموجة تؤدي لحركة المطرقة، وللتي تضرب السندان، مما يؤدي بالتالي لحركة الركاب. وحيث أن قدم (أو قاعدة) الركاب تتصل بالنافذة البيضاوية (الفاتحة على الأذن الداخلية) فإن حركة الركاب تؤدي لتغيير الضغط في السائل الموجود في الأذن الداخلية.

ولو أن الأذن الخارجية والوسطى أخذتا معاً فإن دورهما مهم جداً لنقل الصوت من الهواء الخارجي لسائل الأذن الداخلية، حيث يقومان معاً بعملية تضخيم وبناء مقاومة لتسهيل عملية تحويل الطاقة الحركية من الهواء للسائل.

2 – 2 - 3 الأذن الداخلية

الأذن الداخلية هي الجزء الأخير من الأذن، وتعرف بالـدهليز (Labyrinth). يتكـون الدهليز من جزئين، هما الدهليز العظمي والدهليز الغشائي، وأحدهما محيط بالآخر.

(أ) الدهليز العظمي (Bony labyrinth) وهو عبارة عن مجموعة من القنوات العظمية في تجويف العظم الصدغي. هذه القنوات تحيط بالدهليز الغشائي.

(ب) الدهليز الغشائي (Membranous labyrinth) هو عبارة عن قنوات غشــائية تطابق شكل الدهليز العظمي المحيط بها، وتمتلئ بسائل يسمى اللمف البــاطن (Endolymph). توجد مساحة صغيرة جداً تفصــل بيــن الــدهليزين العظمــي والغشائي، وتكون عادة ممتلئة بسائل يسمى اللمف المحيطي (Perilymph). لا يوجد عادة اتصال بين السائلين اللمفاويين.

من الناحية الوظيفية فإن الدهليز يتكون من جزئين: القوقعة (Cochlea) وهي الجــزء المسئول عن السمع، وثلاث القنوات شبه الدائرية (Semicircular canals) وهــي المسئولة عن الاتزان. انظر شكل 2-2.

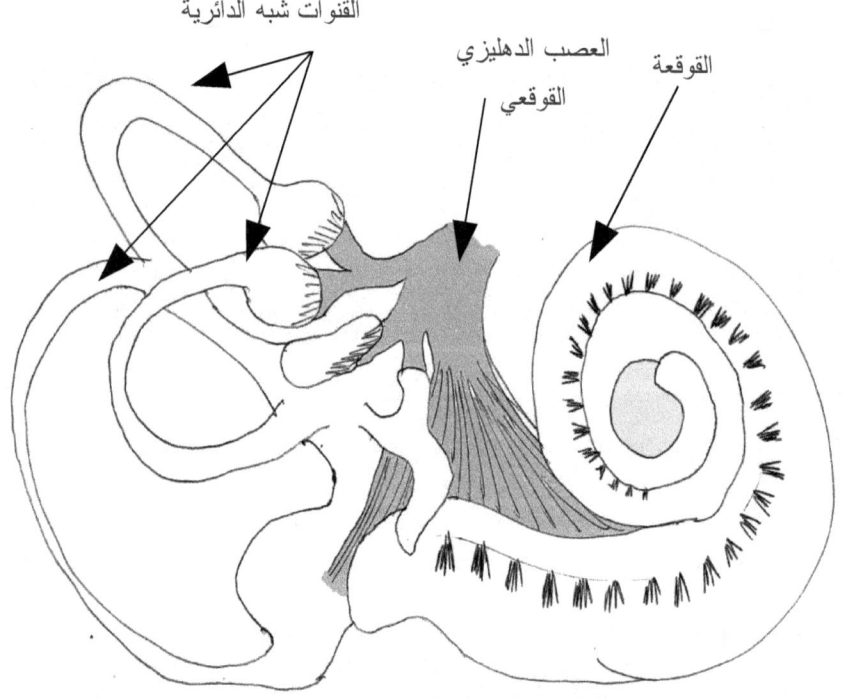

القنوات شبه الدائرية

العصب الدهليزي القوقعي

القوقعة

شكل 2-2 مكونات الدهليز الغشائي

29

2 – 2 - 4 القوقعة

القوقعة (Cochlea) هي عبارة عن أنبوب حلزوني ملتوي طوله حوالي 35مم. تنقسـم القوقعة داخلياً إلى ثلاث غرف (أو سقالات) طولية يفصلها غشاءان (انظر شكل 2-3): الغشاء القاعدي (Basilar membrane) وغشاء رايسنر (Reissner's membrane). السقالة العلوية (أو السقالة الدهليزية Scala vestibuli) والسقالة السفلية (أو السـقالة الطبلية Scala tympani) تحتويان على اللمف المحيطي وتتصلان مع بعضهمافـي رأس القوقعة عبر فتحة صغيرة. أما في قاع القوقعة فإن السقالة الدهليزية تنتهـي فـي النافذة البيضوية (التي يتصل بها الركاب من الخارج)، بينما تنتهي السقالة الطبلية فـي نافذة تسمى النافذة الدائرية (Round window) وتكون مغلقة بغشاء يسمى الغشـاء السمعي الثانوية (Secondary tympanic membrane).

بالنسبة للسقالة الوسطى (Scala media) فهي تتصل مع الدهليز الغشائي المـذكور أعلاه، وليس لديها اتصال مع السقالتين العلوية والسفلية، وتحتوي على اللمف البـاطني بخلاف السقالتين الأخريين اللتين تحتويان على اللمف المحيطي.

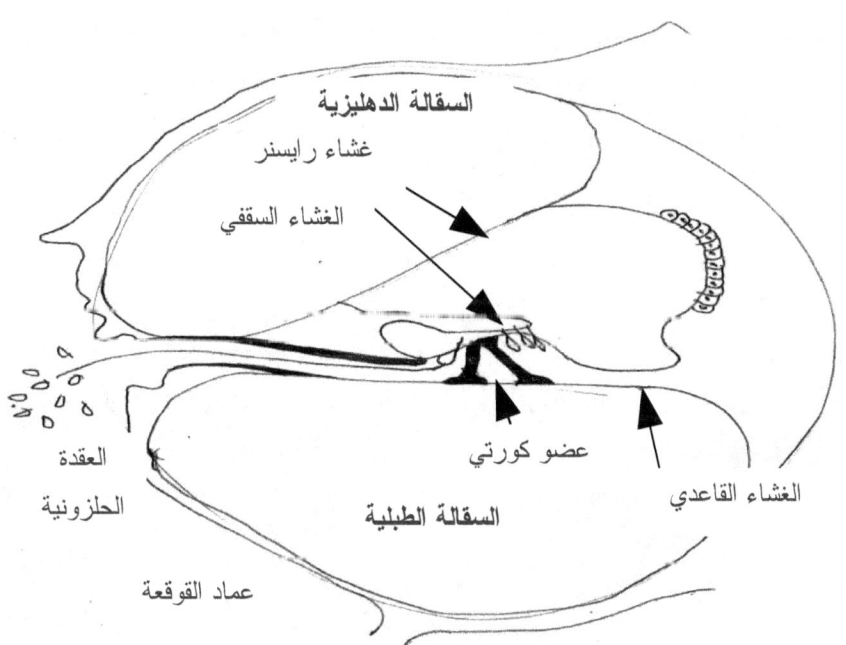

السقالة الدهليزية

غشاء رايسنر

الغشاء السقفي

العقدة الحلزونية

عضو كورتي

الغشاء القاعدي

السقالة الطبلية

عماد القوقعة

شكل (2-3) مقطع عرضي في القوقعة يوضح السقالات الثلاث وعضو كورتي

القوقعة تحتوي داخلها على لب عظمي يسمى عمـــاد القوقعـــة (Modiolus) وللـــذي يحتوي داخله على العقدة الحلزونية (Spiral ganglion) والتي تتكون مـــن أجســـام الخلايا العصبية التي تتعامد مع الخلايا الشعرية لتنتقل منها الحركة. حوالي 95% مـــن الخلايا العصبية تغذي الخلايا الشعرية الداخلية، بينما 5-10% فقط منها تغذي الخلايـــا الشعرية الخارجية (الأكثر عدداً)، حيث تقوم خلية عصبية واحدة بتغـــذي عـــدة خلايـــا شعرية خارجية.

تشكل محاور الخلايا العصبية (المغذية للشعيرات) الجزء السمعي (أو القـــوقعي) مـــن العصب السمعي الثامن (أو العصب الدهليزي القوقعي Vestibulocochlear nerve). تنتهي هذه الأعصاب في النوى القوقعية الأمامية (Ventral cochlear nuclei) والتي توجد في النخاع المستطيل (Medulla oblongata) في قاعدة الدماغ. تنتقل الإشارات العصبية عبر شبكة معقدة إلى القشرة السمعية الأولية (Primary auditory cortex) ومكانها في الفص الصدغي العلوي (Superior temporal lobe) من قشرة الدماغ.

5 - 2 – 2 عضو كورتي (أو العضو الحلزوني) Organ of Corti

هذا العضو يقع على امتداد القوقعة (من الرأس حتى القاعـــدة) ولــه شـــكل القوقعـــة الحلزوني. داخل القوقعة يوجد عضو كورتي مستنداً على الغشاء القاعدي، ويحتوي هذا العضو على خلايا شعرية تمثل المستقبلات السمعية (Auditory receptors). الخلايا السمعية تقوم بعمل ثقوب صغيرة خلال الصفيحة الشبكية (Reticular lamina) والتي تحتوي على عُصَيّات كورتي (Rods of corti).

الخلايا الشعرية تنتظم في أربعة صفوف: ثلاث صفوف خارجية وصف داخلي، وذلـــك بالنسبة لموقع الصف من عصيات كورتي. الأذن البشرية تحتوي حوالي 20.000 خلية شعرية خارجية وحوالي 3500 خلية شعرية داخلية في كل قوقعة (توجد قوقعة في كل أذن).

هذه الصفوف من الخلايا الشعرية مغلفة بغشاء رقيق لزج ومرن، يسمى الغشاء السقفي (Tectorial membrane)، وتتصل به رؤوس الخلايا الشعرية الخارجية فقط.

الخلايا الشعرية الداخلية تقوم بإنتاج الجهد الفعلي في العصب الســمعي، وبـــذلك فهـــي المستقبلات السمعية للصوت. أما الخلايا الشعرية الخارجية فإنهـــا تســـتجيب للصـــوت فتطول وتقصر، ووظيفتها هي زيادة مقدار الصوت لجعله أوضح.

2 – 2 - 6 تركيب الخلايا الشعرية

توجد بروزات عصوية (تسمى الأهداب) في رأس كل خلية، يتراوح عددها بيـــن 30 و 150. من هذه الأهداب، يوجد هدب واحد فقط يسمى الهدب المحـــرك (kinocilium) وهو ثابت لا يتحرك، وهو مفقود عادة في الشعيرات السمعية للثدييات البالغـــة. بقيـــة الأهداب، والتي تعرف بالأهداب الساكنة (stereocilia) تحتوي على بروتينات حركية (تسمى الأكتين actin والميوسين myosin). تنتظم الأهداب الساكنة في مصفوفة حول الهدب المحرك. في المحور المتجه ناحية الهدب المحرك، يزيد ارتفاع الأهداب الساكنة بالتدريج. أما في المحور العمودي فإن كل صف من الأهداب الساكنة يتكون من نفـــس الارتفاع. انظر شكل 2-4 أدناه.

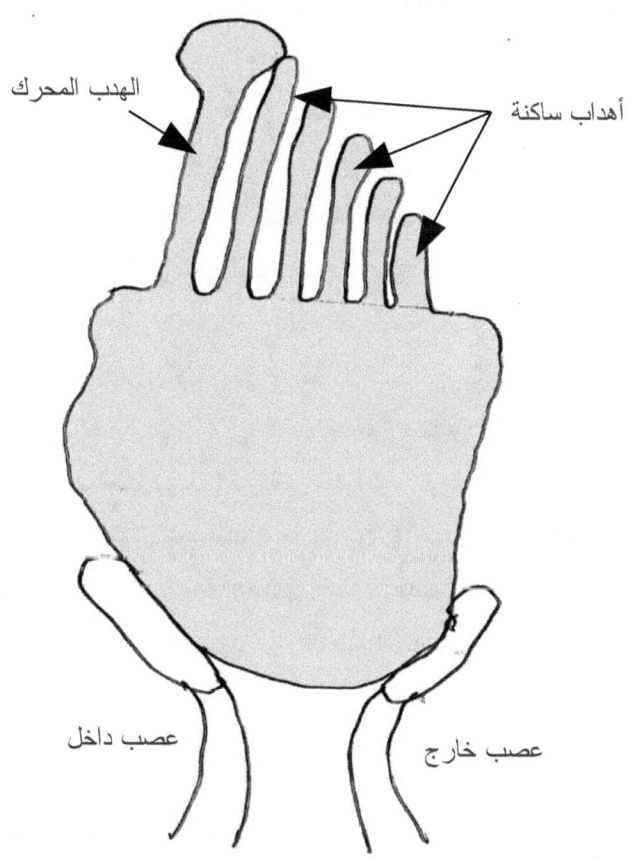

شكل (2-4) مقطع طولي في خلية شعرية يوضح الأهداب الساكنة والهدب المحرك

2 – 3 الاستجابة الكهربائية بالنسبة للشعيرات

بالنسبة للشعيرات السمعية فإن الجهد الغشائي للغشاء الخلوي يكون −60 مللي فولت في حالة السكون. إذا تم دفع الأهداب الساكنة باتجاه الهدب المحرك فإن الجهد الغشائي يقل إلى −50 مللي فولت. أما لو دفعت الأهداب في الاتجاه المعاكس فإن الجهد الغشائي يزيد. وفي حالة دفع الأهداب في المحور العمودي لهذا المحور فإن الجهد الغشائي يظل ثابتاً. مقدار التغير في الجهد الغشائي يعتمد على درجة دفع (أو تحرك) الأهداب الساكنة باتجاه (أو بعيداً عن) الهدب المحرك. وعلى ذلك فإن التغيير في الجهد الغشائي يتناسب مع اتجاه ومسافة حركة الشعيرات.

2 - 4 تكوين جهد الفعل (Action potential) في العصب السمعي{21}

بالنسبة للشعيرات السمعية، فإن الأهداب الشعرية تكون محاطة باللمف الباطني، بينما تكون قاعدة الشعيرة محاطة باللمف المحيطي. يتكون اللمف المحيطي من البلازما (مشابه في تركيبه لبلازما الدم)، بينما يتكون اللمف الباطني في السقالة الوسطى ويحتوي على تركيز عالي من البوتاسيوم وتركيز منخفض من الصوديوم.

يرتبط كل هدب ساكن عبر وصلة صغيرة في قمته بالهدب الساكن المجاور له والأكثر طولاً منه، وتحتوي نقطة الاتصال على قنوات تفتح بالحركة لتسمح بمرور الشوارد الموجبة (cations) في الهدب الأطول. حينما يتحرك الهدب الساكن باتجاه جاره الأطول منه، فإن وقت فتح القنوات يزيد. وبما أن اللمف الباطني يحتوي على تراكيز عالية من الشوارد الموجبة (خاصة البوتاسيوم) فإن فتح القنوات يؤدي لدخول البوتاسيوم والكالسيوم، والنتيجة تكون زوال الاستقطاب (depolarization). هذه الحلقة تؤدي لإفراز ناقل عصبي يسمى الجلوتامين (glutamine) والذي يسبب زوال القطبية من الخلايا العصبية المجاورة لهذه الشعيرة. أما البوتاسيوم فإنه يعاد تدويره ليعود مجدداً للملف الباطني وتكتمل الدورة.

2 - 5 عملية السمع

يمكن تخليص عملية السمع في الخطوات التالية:

- تستقبل الأذن الخارجية الموجات الصوتية من البيئة الخارجية وتقوم بتمريرها للأذن الوسطى.

- تقوم طبلة الأذن (الغشاء السمعي) وعظيمات السمع بتحويل الموجات الصوتية إلى موجات حركية. فالطبلة تتحرك اهتزازياً لتحاكي الموجات الصوتية الواصلة إليها. تتحول الحركة لمقبض المطرقة، والتي بدورها تطرق السندان. حركة السندان تحرك رأس الركاب، وتنتهي العملية بحركة قدم الركاب. حركة قدم الركاب، عبر اتصالها بالنافذة البيضوية، تبدأ حركات موجية في السائل المبطن للأذن الداخلية. يختلف ارتفاع الموجات حسب تردد حركة قدم الركاب.

- تقوم الشعيرات السمعية في عضو كورتي بتحويل حركة السائل لتنتج منها جهود فعلية في الخلايا العصبية، والتي تقوم بنقل الحركة عبر النبضات العصبية المكونة في العصب الثامن، والتي تنتهي في القشرة السمعية في الدماغ.

2 – 6 قياس السمع (Audiometry)

يمكن قياس حدة السمع باستخدام جهاز معين يسمى مقياس السمع (Audiometer). توضع سماعات على أذني الشخص المفحوص، ثم يقوم الجهاز بإيصال أصوات نقية بترددات مختلفة. عند كل تردد يتم قياس قيمة شدة المشرف، ثم يعمل رسم بياني يحتوي على كل القراءات ونسبتها من السمع الطبيعي. يفيد هذا الرسم في قياس شدة فقدان السمع، وتوضيح الدرجات الموجية الأكثر تأثراً بفقدان السمع.

2 – 7 فقدان السمع

يمكن أن يكون فقدان السمع بسبب مشاكل في نقل الصوت عبر الأذن الخارجية أو الداخلية، وهو ما يسمى بفقدان السمع التوصيلي (conduction deafness). أو تكون المشكلة بسبب إصابة الشعيرات السمعية أو الأعصاب السمعية، وهو ما يعرف بفقدان السمع العصبي (nerve deafness). تقل حدة السمع تدريجياً مع التقدم في العمر، وهو ما يسمى (Presbycusis) وربما يكون هذا ناتجاً من فقدان الخلايا الشعرية والأعصاب السمعية.

2 – 8 أمراض الأذن

يمكن تقسيم أمراض الأذن، اعتماداً على الترتيب الإحصائي العالمي للأمراض (منظمة الصحة العالمية[2])، والذي يضع أمراض الأذن في المدى من H60 وحتى H99، إلى:

2 – 8 – 1 أمراض الأذن الخارجية:

1. التهاب الأذن الخارجية Otitis externa: أو ما يعرف عند العوام بأذن السبّاح (Swimmer's ear)، حيث يكون هناك التهاب في الأذن الخارجية (تشـ مل قناة الأذن) ويعتبر من أهم أسباب آلام الأذن. الالتهاب يؤدي لانتفـاخ الجلـد المبطن للأذن الخارجية والقناة السمعية مما يؤدي للألم والحساسـية الشـديدة للمس. هذا الالتهاب يمكن أن ينتج من أمراض حساسية الجلد (أو الاكزيمـا)، أو نتيجة لالتهابات بكتيرية (كالسودوموناس Pseudomonas aeroginosa) أو فطريـــة (كفطـر الأسـبرجلس Aspergillus والكانديـ د Candida albicans). التهاب الأذن الخارجية يقسم إلى نوعين: التهاب حـاد Acute OE والتهاب مزمن Chronic OE. عادة يكون العلاج بالحفاظ على جفاف الأذن، وعدم ادخال أي أدوات خارجية فيها (كالأطفال، أو باسـتخدام أعـواد تنظيف الأذن في الكبار)، والابتعاد عن السباحة، وتقوم الأذن بتنظيف نفسـها ويتم الشفاء. أما لو استمر التهاب الأذن الخارجية (أو كان الالتهـاب شـديداً) فيمكن استخدام قطرات للأذن والتي ربما تحتوي على مضـادات حيويـة أو مضادات فطرية (أو كليهما)، بالاضافة لمواد تحافظ على حمضية الأذن لمنع الجراثيم من النمو.

2. مشاكل وتشوهات الأذن الخارجية الأخرى: كالشمع المتجمـد، وضـيق قنـاة السمع الخارجية، والأذن القنبيطية (أذن الملاكم)، وأخرى.

2 – 8 – 2 أمراض الأذن الوسطى:

1. التهاب الأذن الوسطى اللاقيحـي (Nonsuppurative Otitis Media): ويمكن أن يكون حاداً (كالتهاب ناتج عن حساسية)، أو مزمناً (كالتهـاب الأذن

---

[2] International Statistical Classification of Diseases and Related Health Problems, 10th Revision (ICD-10). Website: http://www.who.int/classifications/icd/en.

35

الوسطى الافرازي أو ما يعرف بالأذن الصمغية)، وهـذه الأمـراض غيــر جرثومية وبالتالي لا تنتج قيحاً (pus).

2. التهاب الأذن الوسطى القيحي: ويمكـن أن يكـون حـاداً (Acute Otitis Media-AOM) حيث تلتهب الأذن الوسطى في أيام مما يؤدي لألـم شـديد وحمى. أما الالتهاب القيحي المزمـن (-Chronic Suppurative OM CSOM) فينتج عندما يستمر الالتهاب لأكثر من أسـبوعين، وينتج عنـه افرازات متكررة من الأذن (لو حدثت افرازات في الالتهاب الحاد فهذا يعنـي عادة ثقب طبلة الأذن نتيجة للالتهاب)، ويمكن أن ينتج الالتهاب المزمن كناتج من الالتهاب الحاد. الأذن لا تكون مؤلمة عادة في الالتهاب المزمـن (علـى عكس النوع الحاد)، والنوعان يكونان مصحوبين بفقـدان للسـمع بـدرجات متفاوتة، مما قد ينتج عنه انخفاض في الأداء الوظيفي (والمدرسـي بالنسبة للأطفال). وبالنسبة لالتهاب الأذن الوسطى فإن السبب الرئيس للالتهاب هـو حدوث خلل وظيفي في قناة استاكيوس، الخلل الذي يكون عادة ثانويـاً نتيجـة لالتهاب البلعوم الأنفي (لأسباب متعددة أهمهـا التهابـات الجهـاز التنفسـي الفيروسية والبكتيرية)، مما ينتج عنه تغير الضغط في الأذن الوسطى (يصبح الضغط سالباً)، ويؤدي هذا الضغط السالب لشفط السوائل من الأنسجة المحيطة بالأذن الوسطى وتراكمها داخلها، هذه السوائل هي التي تلتهب لاحقاً مؤديـة لالتهاب الأذن الوسطى. من أهم الجراثيم المسببة لالتهاب الأذن الوسطى الحاد هي بكتريا العقدية الرئوية (Streptococcus pneumoniae) والمستدمية النزلية (Haemophilus influenzae). عادة يفضل عدم علاج الالتهـاب الحاد بالمضادات الحيوية، حيث أن حوالي 80% منها يتم الشفاء منها تلقائياً. إلا أن الحالة قد تسبب مضاعفات خطيرة منها ثقب طبلة الأذن. وينصح عادة باستخدام المضادات الحيوية في حالة أن الالتهاب شديد جـداً، أو أن الأذنيــن ملتهبتين (على عكس أذن واحدة)، خاصة في الأطفال أقل من عمر سنتين.

3. التهاب قناة استاكيوس وانسدادها (نتيجة ضيق قناة استاكيوس أو انضغاطها).

4. التهاب الخشاء (Mastoiditis) والذي يمكن أن يكون حاداً في شكل خراج (abscess) أو دبيلة (empyema) وهو تجمع القيح في مكان مجـوف. كمــا

يمكن أن يكون الالتهاب مزمناً مما يؤدي لتسوس العظم (caries) أو نشـــوء ناسور (fistula).

5. ثقب طبلة الأذن: والذي يمكن أن يكون نتيجة للإصابة (post-traumatic) أو نتيجة للإلتهاب (post-inflammatory).

2 – 8 – 3 أمراض الأذن الداخلية:

- تصلب الأذن (Otosclerosis): حيث يحدث نمو عظمي للأذن، خاصة حول منطقة اتصال الركاب بالنافذة البيضوية، مما يؤثر علـــى قـــدرة الأذن لنقـــل الموجات الصوتية، وهذا يؤدي بالتالي لفقدان السمع التوصيلي (conductive hearing loss). بعض الأشخاص لديهم قابلية وراثية لهذا المرض، ولكن لم يتم تأكيد وجود جين مسبب للمرض، وعليه فالمرض ربما يكون وراثياً أو لا، كما أن بعض الالتهابات الفيروسية (خاصـــة لأمـــراض الطفولـــة كالحصـــبة measles) قد يكون لها دور في حدوث النمو العظمي. يتم التشـــخيص بعـــد التأكد من وجود فقدان سمع توصيلي، ووجود طبلة أذن طبيعية، والتأكد مـــن عدم وجود التهابات في الأذن.
- أمراض التوازن: كدوار الوضعة الانتيابي الحميد (Benign Paroxysmal Positional Vertigo-BPPV) والتهاب العصب الدهليزي (Vestibular neuritis) والتي تؤدي جميعها لاحساس بالدوار (Vertigo) والذي قد يكون دائماً أو متناوباً (يجئ في نوبات).
- التهاب الأذن الداخلية (Otitis interna): والذي يؤدي لفقدان السمع، والدوار (Vertigo)، والطنين في الأذنين (tinnitus). قد يكون الالتهاب نتيجة لعدوى فيروسية أو بكتيرية، أو حساسية لتركيبة دوائية.

الفصل الثالث: مخاطر التلوث بالضوضاء والضجيج

ملخص أغراض الفصل

- التعريف بأضرار التلوث الضوضائي البدنية والنفسية والاجتماعية.
- تعداد الآثار السالبة للتلوث الضوضائي ومخاطره في محاورها السبعة.
- تعريف العوامل المؤثرة على السمع وتعداد أنواع فقدان السمع وضعفه.

---

3 – 1 مقدمة

إرتبطت الصيحة بالعذاب فى بعض آى الذكر الحكيم كما فى قوله عز وجل "**وأخذَ الَّذين ظلمواَ الصَّيحةُ فأصبحوُا فِى ديارهمْ جاثمينَ**"[3]. وقوله سبحانه وتعالى "**ولمَّا جاءَ أمرنـاَ نجَّينَا شعيباً والَّذينَ آمنوُا معهُ برحمةٍ مِّنَّا وأخذتِ الَّذين ظلمواَ الصَّيحةُ فأصبحوُا فِـى ديارهمْ جاثمينَ**"[4]. وقوله تعالى "**فأخذتهمُ الصَّيحةُ مشرقينَ**"[5]. وقول الحق تبارك وتعالى "**فأخذتهمُ الصَّيحةُ مصبحينَ**"[6]. وقوله عز وجل "**فأخذتهمُ الصَّيحةُ بالحقِّ فجعلناهمْ غثاءً فبعداً للقومِ الظَّالمينَ**"[7]. وقوله سبحانه وتعالى "**فكلاًّ أخذنَا بذنبهِ فمنهمْ مَّن أرسلنَا عليهِ حاصباً ومنهمْ مَّن أخذتهُ الصَّيحةُ ومنهمْ مَّن خسفنَا بهِ الأرضَ ومنهمْ مَّن أغرقنَا ومَـا كانَ اللهُ ليظلمهم ولكن كانُوا أنفسهمْ يظلمون**"[8]. وقوله تعالى "**إنَّا أرسلنَا عليهمْ صيحةً واحدةً فكانُوا كهشيمِ المحتظرِ**"[9]. وتدبر فى قول المولى عز وجل "**وإذَا رأيتهمْ تعجبـكَ**

---

[3] هود: 67
[4] هود: 94
[5] الحجر: 73
[6] الحجر: 83
[7] المؤمنون: 41
[8] العنكبوت: 40
[9] القمر: 31

أجسامهمْ وإن يقولُوا تسمعْ لقولهمْ كأنَّهمْ خشبٌ مسنَّدةٌ يحسبونَ كلَّ صيحةٍ عليهمْ همُ العدوُّ فاحذرهمْ قاتلهمُ اللهُ أنَّى يؤفكونَ"[10].

وقد أورد السيد سابق فى فقه السنة "روى الترمذى عن ابن عمر أن النبى صـــلى اللهــ عليه وسلم كان إذا سمع صوت الرعد والصواعق قال: "**اللهم لا تقتلنـــا بغضـــبك، ولا تهلكنا بعذابك، وعافنا قبل ذلك**" وسنده ضعيف.

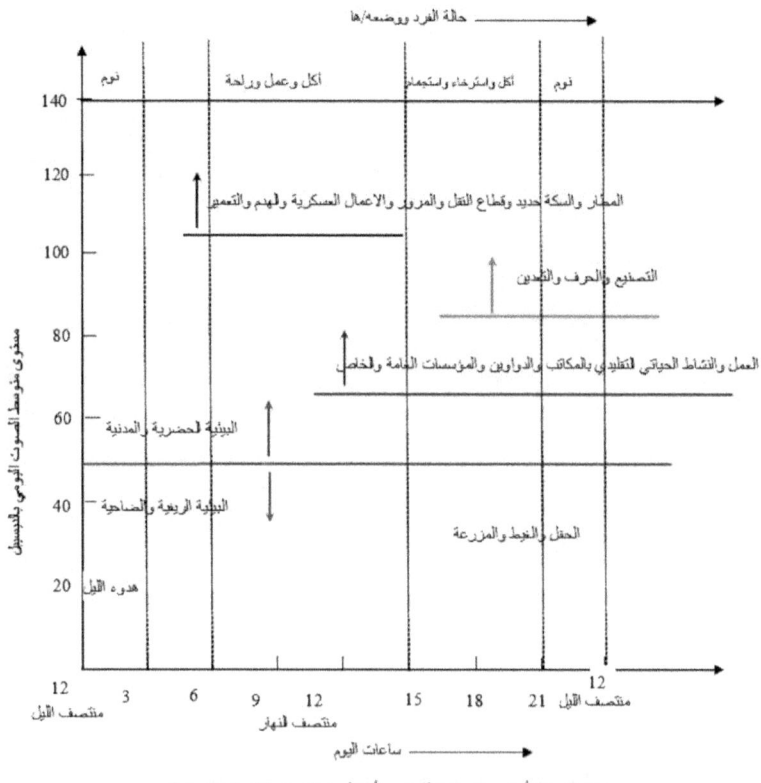

شكل (3-1) أسلوب الحياة الافتراضي لأنماط من التعرض للتلوث الضوضائي.

[10] المنافقون: 4

وفقا لوكالة حماية البيئة الأمريكية هناك روابط مباشرة بين الضجيج والصحة العمومية، كما ويؤثر التلوث الضوضائي سلبا على حياة الملايين من الناس. يمكن أن يضر التلوث الضوضائي بالصحة عامة، ويكون ذلك على ثلاثة مستويات – قد تكون مؤقتة أو دائمة:

1. الصحة الفيزيائية (بما يشمل الوظائف الفسيولوجية للجسم البشري)، كارتفــاع ضغط الدم، وأمراض القلب، ومرض الإجهاد ذو الصلة، وفقدان السمع.
2. الصحة والقدرة النفسية على العيش والعمل، كاضطراب النوم، وفقدان الذاكرة والاكتئاب الشديد، ونوبات الهلع.
3. الوظائف الاجتماعية: تفكك النسيج الاجتماعي والعزلة وفقدان الإنتاجية.

وتعرف منظمة الصحة العالمية أضرار التلوث الضوضائي على أنها "تغيير في تركيبة أو وظيفة العضو، مما ينتج عنه ضعف القدرة الوظيفية، أو ضعف القدرة على مواكبــة الضغط الزائد، أو زيادة احتمالية تعرض العضو للآثار الضارة للمؤثرات البيئية"{20}.

3 – 2 مخاطر التلوث السمعي

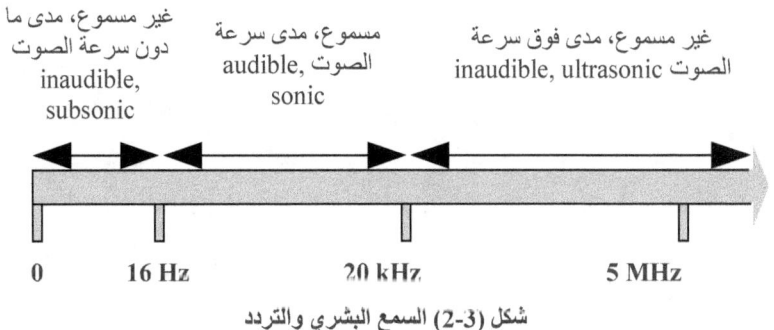

شكل (3-2) السمع البشري والتردد

البشر هم أقل حساسية للصوت منخفض التردد، وأكثر حساسية للصوت العالي التردد. لذلك، في بعض الأحيان يضبط مقياس الديسيبل ليأخذ هذا الأمر في الحسبان على النحو التالي:

• ترجيح A A-weighting (db(A)): يوازن المقياس الكلي لذلك من الأفضل ربطه بما يمكن أن تسمعه الأذن البشرية.

40

ترجيح C أو (C-weighting   dB(C)): ليضبط المقياس للأصـــوات ذات التردد العالي أو المنخفض.

ترجيح B (B-weighting dB(B)): ليوازن عبر عوامل تكون بيـــن "العوامل المرجحة A والعوامل المرجحة C (نادراً ما تستخدم).

التعرض الطويل للضوضاء والضجيج بتردد معين قد ينجم عنه عدد كبير من المخاطر {1، 2، 4، 5، 6، 7} يمكن تقسيمها على سبعة محاور تضم فقدان السمع والصمم وعدم التواصل وتردي الصحة وانفلات السلوك والضيق وتدني الكفاءة الانتاجية علـــى النحو التالي {20}:

صندوق (3-1) ضعف السمع hearing impairment

السمع أمر ضروري لرفاهية الحياة وسلامة الإنسان. ويعرف ضعف السمع بأنه زيادة في قيمة مشرف السمع كما تقيم سريريا بقياس السمع. وهناك اتفاق عام علـــى أن التعرض لمستويات من الصوت أقل من 70 ديسيبل لا تنتج تلف في حاسة السمع، بغض النظــــر عن مدة التعرض لها. وهناك أيضا اتفاق عام على أن التعرض لأكثر من 8 ساعات إلى مستويات من الصوت تزيد على 85 ديسيبل هو مدعاة للخطر، ومن المهم الاشارة إلـــى أن 85 ديسيبل تعادل تقريبا ضجيج حركة المرور الصادرة من الشاحنات الثقيلـة علـــى طريق مزدحم. وتوصي منظمة الصحة العالمية بتحديـــدمـــدة التعرض غيـــر الآمـــن لمستويات صوتية أعلى من 100 ديسيبل (على سبيل المثال، صوت آلات ثقب الصخور أو الثلج) لمدة أربع ساعات، وبتردد أربع مرات في السنة. وقيمة المشرف للألم عـــادة تعادل 140 ديسيبل، وهو المستوى الذي يتحقق بسهولة ويزداد في السيارات في الـــوقت الراهن. التعرض للضوضاء المندفعة Impulse noise exposure (مثل إطلاق نار ومن مصادر مماثلة من الضوضاء المكثف لمدة قصيــرة) ينبغـــي أن لا تتجـــاوز 140 ديسيبل عند البالغين، و120 ديسيبل عند الأطفال. ويمكن للالعاب النارية ومسدســـات الغطاء، والألعاب الأخرى أن تولد مستويات صوتية كافية لتسبب فقدان مفاجئ أو دائـــم للسمع. إن مستويات أعلى من 165 ديسيبل، حتى لبضع أجزاء من الثانية، من المحتمـل أن تسبب ضرر القوقعة الحاد. ومن المهم ذكره أن الأذن لا تعتاد على الضوضاء العالية.

1. فقدان السمع الضوضائي:

⮜ فقدان مؤقت للسمع والذى ينتهى فى بضع ساعات أو أيام ويسـمى الإزلحـة المؤقتة لقيمة المشرفTemporary threshold Shift . ومثال لهذا يوجد فى المصانع والفرق الموسيقية وممارسة الاستماع للجهزة الحديثة مـن قبـل الشباب في سياراتهم ونواديهم الخاصة.

⮜ فقدان دائم للسمع (يسمى إزاحة دائمة لقيمة المشرفPermanent threshold shift).

⮜ الصمم المؤقت أو الدائم Temporary or permanent deafness يؤثر التلوث الضوضائي على سمع العاملين في مكان العمل في الاختبارات والعمل الميكانيكي وسياقة المركبات والقاطرة وتشغيل الهاتف وما إلى ذلـك، ويـرى مختصو الفيزياء والطب وعلماء النفـس أن التعـرض المسـتمر لمسـتوى ضوضاء أعلى من 80 إلى 100 ديسيبل غير آمنة، والضوضـاء الصـاخبة تسبب الصمم المؤقت أو الدائم.

2. عدم القدرة على التواصل:

⮜ صعوبة فى التركيز Lack of concentration. لزيادة الجودة والابداع في العمل ينبغي التركيز في المهمة الملقاة على عاتق الموظف أو المشرف علــى العمل. غير أن التلوث الضوضائي يسبب عدم القدرة على التركيز خاصة في المدن الكبيرة والمزدحمة، وحال تواجد مكان العمل بـالقرب مـن الطريـق الرئيسة حيث يزداد ضجيج حركة المرور وربما مكبرات الصوت المختلفـة مما يحول الانتباه ويشتت الفكر ويعجل الانسان يعجز عن التركيز. هذا ومـن المعلوم أن عدم القدرة على التركيز قد تؤدي إلى وقوع الحوادث والكوارث.

⮜ إزعاج لأصحاب الأعمال الدقيقة (مثلا صناع الساعات والاجهزة الحاسـوبية ومعدات تكنولوجيا النانو).

⮜ الهيجان Irritability.

⮜ السلوك العدواني aggressive behavior الضوضاء الأعلى من قيمة 80 ديسيبل قد تزيد من السلوك العدواني للفرد، سيما ويتعلق الانزعاج بالشـعور

بالاستياء المرتبط بالضجة الصادرة من المصدر، إن اعتقد الفرد بأنها تـــؤثر سلباً عليه أو على عمله.

◄التوتر يؤدي إلى أمراض معينة عند الانسان مما يشغله ذهنيا ويثيره عصـــبيا وقد يؤدي لفقدان الثقة بالنفس.

3. مشاكل النوم:

◄منع الراحة والنوم Sleep interference. المستويات العالية جدا من الضوضاء يمكن أن توقظ من النوم ربما مع رعشة، وربما أصابت الأفراد بقلق يمنـــع النوم مجددا أو يشوشر عليه مما يؤثر على جودة النوم، هذه الحالة قد تعكــر المزاج وتتعب الفرد في اليوم التالي. ومن الآثار المتوقعة للإثارة الليلة مـــن جراء الضوضاء أنها قد تزيد تركيزات الهرمونات في الدم واللعـــاب (مثـــل الكـــورتيزول cortisol، والأدرين الين adrenaline، ونورادرين الين noradrenalin حتى أثناء النوم). ويقال أن الضوضاء المستمرة فيما يزيـــد على 30 ديسيبل تزعج النائم.

4. مشاكل القلب والأمراض العضوية (المؤقتة منها أو الدائمة):

◄تأثير على القلب ونظام عمله وإيقاع ضرباته وربما نوبة قلبية Heart attack: قد يسبب التلوث الضوضائي زيادة في معدل ضربات القلـــب وزيـــادة فـــي مستوى الكوليسترول في الدم وانقباض الأوعية الدموية مما يؤدي إلى ضـــغط الدم الذي قد يؤدى إلى أزمة قلبية. كما وأن الضوضاء يمكن أنـــتـــؤثر علـــى الغدد الصماء واستجابات النظام العصبي اللاإرادي التي تؤثر على نظام القلب والأوعية الدموية مما قد يشكل خطراً على القلب والشرايين. يمكن أن تـــؤدي المستويات العالية من الضجيج لتنشيط إفراز الهرمونات مثـــل الكـــورتيزول cortisol والأدرينالين adrenaline ونورادرينالين noradrenalin ليرتفـــع ضغط الدم، وربما تسبب السكتة الدماغية وقصور القلب ومشاكل المناعة. ان التعرض الحاد للضوضاء ينشط الاستجابات العصبية والهرمونية مما يـــؤدي إلى زيادة مؤقتة في ضغط الدم ومعدل ضربات القلب وضيق الأوعية.

◄مشاكل في الجهاز الهضمي digestive problems: التلوث الضوضائي يسبب تشنجات في الجهاز الهضمي واضطرابات المعدة.

‹تغيير في كثافة الدم.

‹اتساع حدقة العين Pupil dilation حيث يسبب التلوث الضوضائي تمدد بؤبؤ العين.

‹الصداع المزمن.

‹تأخر شفاء ونقلها المريض في المستشفى (المشفى والمستوصف والبيمارستان).

‹تعب Fatigue لا يستطيع الفرد التركيز في العمل بسبب التلوث الضوضائي مما يضطره لإعطاء المزيد من الوقت لاستكمال العمل ومن ثم الشعور بالتعب والفتور.

‹حدوث حالة اجهاض Abortion الجو البارد والهدوء من العوامل المهمة والمتطلبة أثناء الحمل وقد تؤذي الأصوات المزعجة السيدة الحساسة وربما أدت الضوضاء المفاجئة لإجهاض الإناث.

5. الآثار على الصحة العقلية:

‹عذاب وألم ذهني (مثلا ما يحدث من الطائرات النفاثة، والمكوك فوق الصوتي) Mental illness: التلوث الضوضائي يهاجم السلام الذهني والصفاء العقلي مما قد يسبب بعض الأمراض للإنسان. ومن المسلم به أن الأصوات المزعجة تساهم في تسريع وتيرة التوترات القائمة بالفعل في معيشة الفرد الحديثة. هذه التوترات تؤدي إلى أمراض معينة مثل ضغط الدم أو المرض العقلي .. الخ. هذا وقد يساهم التلوث الضوضائي في كثير من منغصات الرفاه مثل: القلق، والتوتر، والعصبية، والغثيان، والصداع، وعدم الاستقرار العاطفي، والجدل البيزنطي، والعجز الجنسي، وتغيرات المزاج، وزيادة الصراعات الاجتماعية، والعصاب، والهستيريا، والذهان.

‹تكاليف التعويض، ومكافأة نهائية الخدمة أصحاب العاهات السمعية، وتكاليف حبوب النوم، وتكاليف الأدوية المهدئة، وتكاليف الزمن الضائع في العمل، وتكاليف مواد منع الصوت وحجبه.

6. تدني الكفاءة:

- إذ تشير الملاحظات والدراسات لتدني كفاءة الإنسان في العمل مع زيادة الضوضاء. كما يمكن أن تؤثر الضوضاء سلبا على الأداء والقراءة والإهتمام وحل المشكلات والتذكر.
- تشويش على الحديث والعمل Speech interference من الصعوبة بمكان سماع الضوضاء التي تزيد عن 50 ديسيبل، كما وقد تسبب مشاكل الصمم الجزئي، وزيادة الحوادث، وتعطل الاتصالات داخل المدرج والفصل والقلعة الدراسية، وضعف الأداء الأكاديمي.
- إحداث الضوضاء أو الجلبة أو الإزعاج.
- تأخر أو منع الحصول على المعلومات.

7. الضيق والآثار السالبة على أسلوب المعيشة:

- تأثير على العلاقات الإنسانية (قفل الأبواب والنوافذ، ومنع التحدث بصوت واضح أو الهمهمة، والرحيل من المنطقة السكنية).
- تأثير الضوضاء على الغطاء النباتي وسوء نوعية المحاصيل: من المعروف أن النباتات تشبه الإنسان في بعض السلوك وتتمتع بدرجة من الحساسية شأنه، من ثم يتوخى وجود البيئة الباردة والهادئة لنمو النبات بصورة أفضل. ولا بد من تقليل التلوث الضوضائي لتجنب رداءة المحاصيل.
- تأثير الضجيج على الممتلكات Effect on property: الضجيج المرتفع يمثل خطر كبير جدا على المباني والجسور والنصب التذكارية، سيما ويسبب موجات تضرب الجدران وتضع المنشأة في حالة الخطر.
- أضرار التلوث الضوضائي على الجهاز العصبي للحيوان Effect on animal: تفقد الضوضاءالحيوان السيطرة على عقله مما يجعله خطرا. كما ويمكن أن يكون للضوضاء تأثير ضار على الحيوان بما تسببه من توتر، وزيادة نفوقه عن طريق تغيير التوازن الدقيق في علاقة المفترس والفريسة، وعن طريق التداخل مع ما تستخدمه من أصوات في الاتصالات خاصة فيما يتعلق بالإنجاب والترحال والانتقال من منطقة لأخرى.

◄تأثير الضوضاء على التواصل الاجتماعي: أيضا تجـبر الضوضـاء علــى التواصل بصوت أعلى (Lombard vocal response).

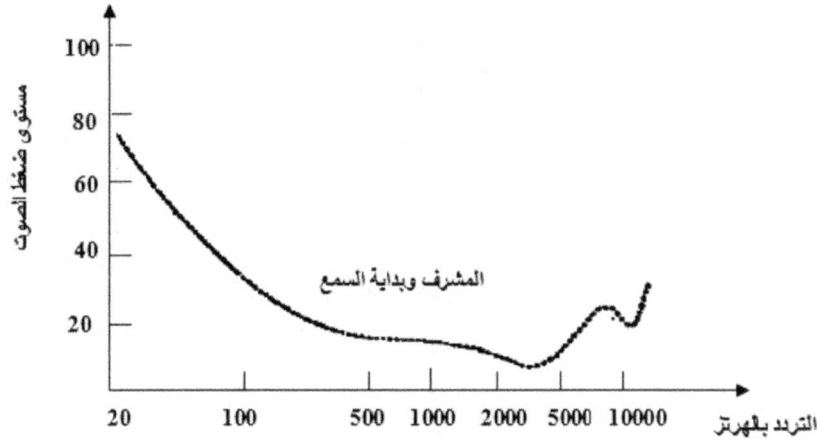

شكل (3-3) متوسط قيمة المشرف وبداية السمع   Average threshold of hearing

3 – 3 العوامل المؤثرة على السمع

من العوامل المؤثرة على السمع {1، 4، 7، 8}:

◄الهرم: إذ يقل السمع بكبر عمر الإنسـان (Presbyacusia) Presbycusis ويبدأ فقدان السمع من سن 20 فىوجود تردد صوتي أعلى من 3000 هرتــز أثناء فترة عمل الإنسان فى بيئة تزداد بها الضوضاء والصخب والضجيج.

◄شدة ونوع الضوضاء البيئية (مثل:للــدراجات الناريــة، وموسـيقى الجـاز والارا،، وأجهزة الإستيريو)،

◄الإصابة والمرض.

◄شدة التعرض للصوت وفترته ودرجته.

◄صغر السن: الأطفال قد يكونون أكثر عرضة للآثار السالبة للضوضـاءمــن البالغين.

4 – 3 أنماط فقدان السمع وتدهوره

تتفاوت أنواع فقدان السمع ومنها على سبيل المثال:

1) الطنين Tinnitus ويمثل عدم مقدرة الأذن لسماع الأصوات الضعيفة أو حدوث قرع جرس بالأذن. ومن أنواع الطنين:

- oالطنين الأذني Tinnitus aurium
- oالطنين العصبي Nervous Tinnitus
- oالطنين اللاإهتزازي Non vibratory Tinnitus
- oالطنين الإهتزازي Vibratory Tinnitus.

1) خَطَّل السمع Paracusis وتسمع فيه الأصوات مغلوطة.

2) عدم الإدراك الجيد للحديث Speech misperception.

3) الضرر الفسيولوجى إذ يحدث تغير فى محيط دورة الدم مما قد يحدث أضرار مباشرة (مثل: الإضطراب السمعى، وشوشرة الإتصال، وعدم إستقبال المعلومات، ومنع الراحة) أو أضرار غير مباشرة (مثل: الإزعاج وتدهور العلاقات بين الأفراد).

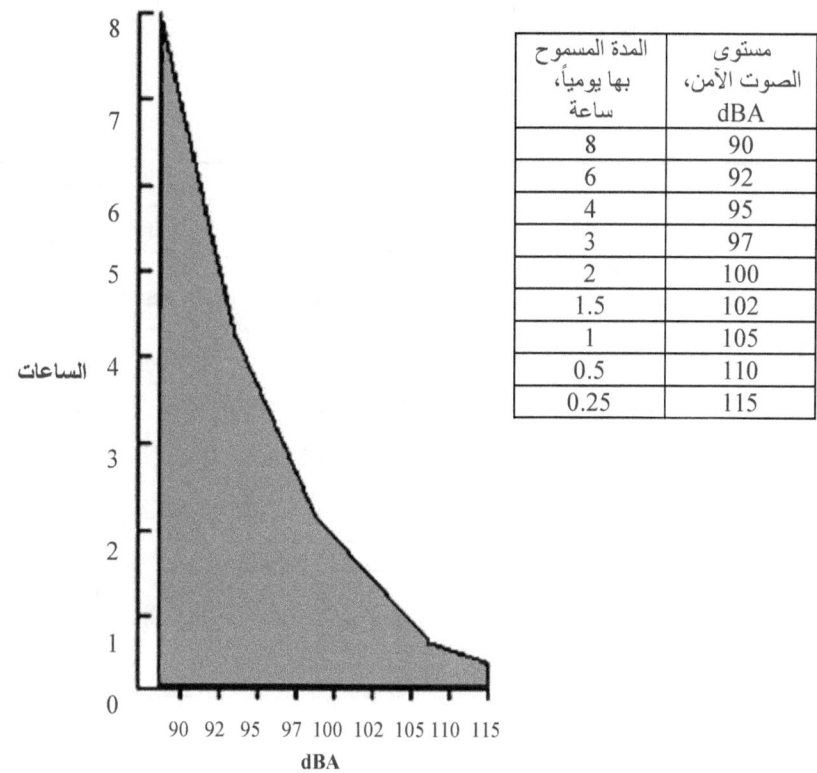

المدة المسموح بها يومياً، ساعة	مستوى الصوت الآمن، dBA
8	90
6	92
4	95
3	97
2	100
1.5	102
1	105
0.5	110
0.25	115

شكل (3-4) مستوى الصوت الآمن مقابل المرات المسموح بها يومياً

48

الفصل الرابع: قياس الصوت

ملخص أغراض الفصل

• التعريف بوحدة الديسبل وقياسها واستخداماتها.

• تعريف وحدات قياس شدة الصوت (مستوى ضغط الصوت ومستوى ضغط الصوت التراكمي).

• كيفية قياس مستويات الضوضاء المكافئة لضجيج النهار والليل.

• كيفية جمع مستويات الصوت لمصادر مختلفة.

• تبيان طريقة تقدير تجاوب الفرد للصوت باستخدام قانون ويبر وفشنر.

• كيفية قياس مستوى التعرض الشخصي اليومي والأسبوعي للصوت.

• التعريف بطرق قياس الضوضاء (مجهر الصوت وشبكة الـوزن ومقياس مستوى الصوت).

4 - 1 مقياس الديسبل Decibel scale

يقاس الصوت بوحدة الديسبل ذات المدى بين قيمة مشرف السمع (صفر ديسبل) إلـــى قيمة مشرف الألم (130 ديسبل). وقد إستخدمت وحدة الديسبل لمقارنة مسـتوى طاقـة الإشارات الصوتية أو الكهربائية. ورغما عن أن الديسبل عشر البل، غير أنـــه أكـــثر إستخداما.

إن مقياس أو تدرج الديسبل هو مقياس خوارزمى يستعمل فى الصوتيات لإيجاد نسـبة شدة الصوت أو نسب ضغطه.

تستخدم وحدة الديسبل لمقارنة مستويين من القوة وشدة الصوت والاشارات الإلكترونية. من ثم تختلف مستويان من القوة P و P_o بمقدار n ديسبل عندما تكون قيمة n تسـ اوي المبين على المعادلة 4-1.

$$n = 10 \, Log_{10} \, P/P_0 \qquad 4\text{-}1$$

حيث:

P = مستوى شدة الصوت المطلوب قياسه.

P_0 = مستوى قياسي reference level. عادة هي شدة النغمة التي على تردد مماثل لمشارف السماعية threshold of audibility =10^{-12} وات

تتعلق مستويات مشارف السماعية Threshold levels بعدد الديسيبل التي يجب فيها زيادة شدة الصوت ليستمع إليه منسوبة إلى قيمة صفر ديسيبل لمستوى السمع، والذي يعادل مستوى الصوت الذي يمكن سماعه بواسطة الأذن التي يفترض أن لم تكن قد تأثرت بأي عامل ضار.

إن هذا التدرج الخوارزمى مناسب للإستخدام لا سيما ودرجة السمع (السماعية) audibility عند الإنسان تتراوح فى مدى من واحد (1) (بداية السمع أو مسموع فقط just audible) إلى مليون مليون (10^{12}) (بداية الألم). ويمثل الديسبل حوالى 26% زيادة فى الصوت. وهو أقل تغير يمكن أن تميزه الأذن البشرية {4}. وقيمة المشرف تعرف على أنها عدد الديسبل الذى يجب به زيادة شدة الصوت ليمكن سماعها (مقارنة بمستوى السمع صفر ديسبل) بواسطة أذن لم تتعرض سابقا لأى مؤثر مؤذي {2}.

من أهم ميزات وحدة الديسبل ما يلى {1، 3، 8}:

- ✓سهولة وصف شدة أو مستوى الطاقة لكمية فيزيائية.
- ✓امكانية ضغط المقدار العددى المقاس لأعداد مناسبة يسهل إستخدامها في تسجيل البيانات وجمع المعلومات.
- ✓سهولة إستخدامها فى الصوتيات والطاقة الكهربائية وبعض إستخدامات الطاقة الميكانيكية.

يبين شكل 4-1 مخطط تدريجى لقياس الديسبل لبعض الأصوات فى البيئة المحيطة.

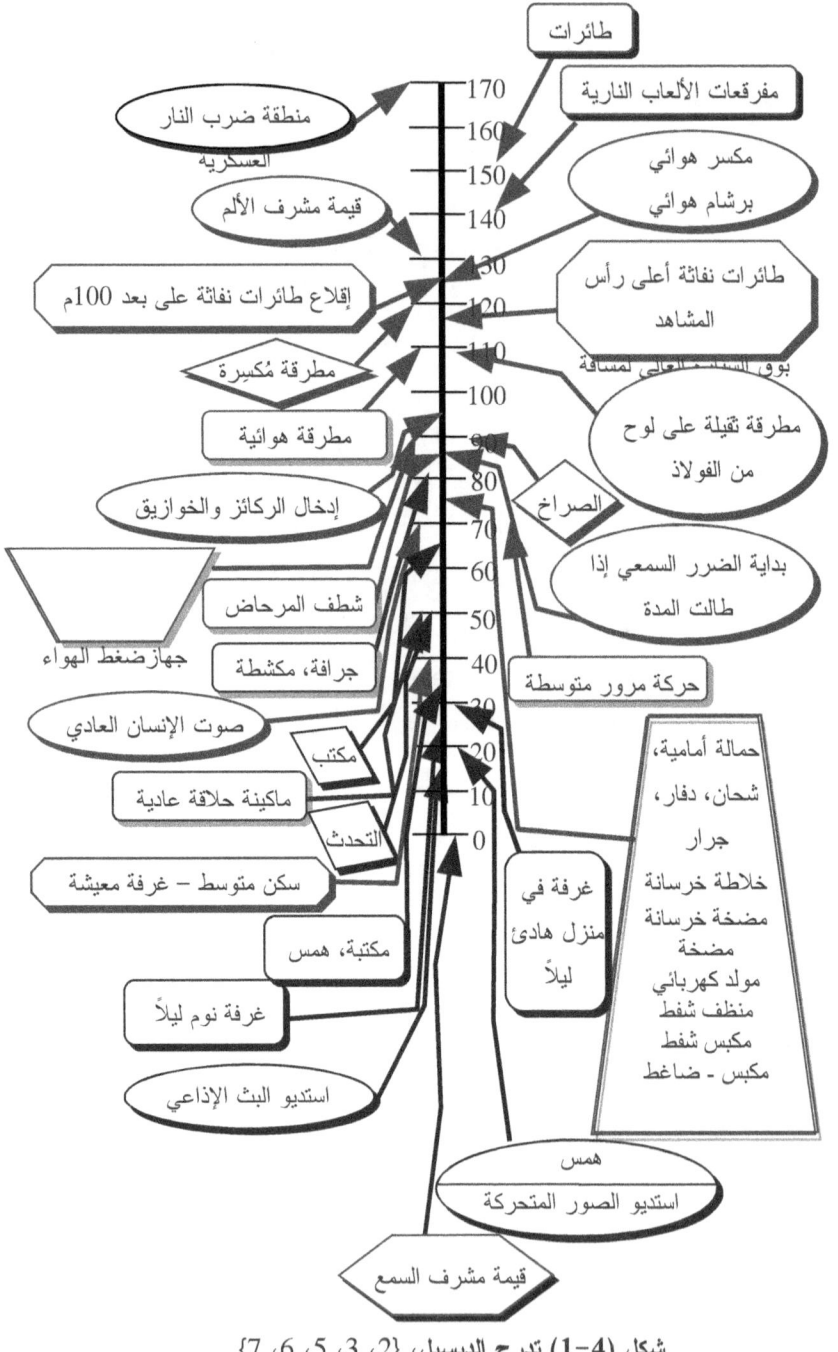

طائرات

مفرقعات الألعاب النارية

170

160

منطقة ضرب النار
العسكريه

150

مكسر هوائي
برشام هوائي

قيمة مشرف الألم

140

130

طائرات نفاثة أعلى رأس
المشاهد

إقلاع طائرات نفاثة على بعد 100م

120

110

بوق السلسة العالى لمسافة

مطرقة مُكسِرة

100

مطرقة هوائية

90

مطرقة ثقيلة على لوح
من الفولاذ

80

الصراخ

إدخال الركائز والخوازيق

70

جهاز ضغط الهواء

شطف المرحاض

60

بداية الضرر السمعي إذا
طالت المدة

جرافة، مكشطة

50

40

حركة مرور متوسطة

صوت الإنسان العادي

30

مكتب

20

حمالة أمامية،
شحان، دفار،
جرار

ماكينة حلاقة عادية

10

التحدث

0

خلاطة خرسانة
مضخة خرسانة
مضخة
مولد كهربائي
منظف شفط
مكبس شفط
مكبس - ضاغط

سكن متوسط – غرفة معيشة

غرفة في
منزل هادئ
ليلاً

مكتبة، همس

غرفة نوم ليلاً

استديو البث الإذاعي

همس

استديو الصور المتحركة

قيمة مشرف السمع

شكل (4-1) تدرج الديسبل، {2، 3، 5، 6، 7}

51

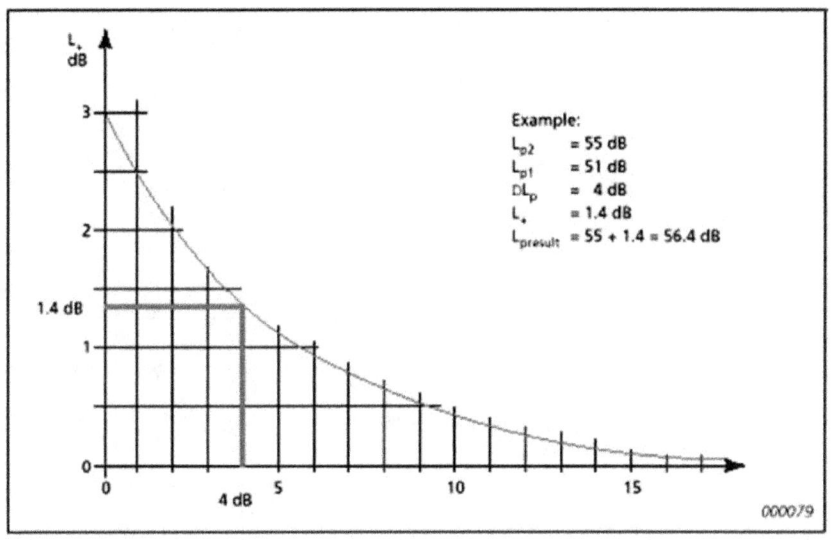

شكل (4-2) طريقة الرسم البياني – اضافة الديسيبل Chart method – adding decibels

2 – 4 قياس شدة الصوت

تقاس شدة الصوت بوحدة مستوى ضغط الصوت Sound pressure levels (SPL) بالديسيبل decibel, dB . ومستوى الصوت المجتمعي تقاس بمستوى ضغط الصوت التراكمي SPL A-weighted ليماثل هذا التدرج والمقي اس الاس تجابة السد معية Audible response للأذن البشرية. ويغطي التدرج الترددات الصوتية بين 800 إلى 3000 هيرتز. ضغط الصوت عبارة عن الضغط المؤثر على نقطة بسبب صوت نـابع سن سسدر ما.

في حالة قياس مستوى ضغط الصوت SPL_1 بالديسيبل على r_1 متر فان مستوى ضغط الصوت SPL_2 على r_2 متر يمكن ايجاده من المعادلة 4-2.

$$SPL_2 = SPL_1 - 20\log\left(\frac{r_2}{r_1}\right) \qquad 4\text{-}2$$

في حالة قياس مستوى الصوت بالضغط SPLp فيصبح مستوى ضغط الصـوت كمـا مبين على المعادلة 4-3. حيث يقاس Lp i بالنسبة للضغط القياسي (أو ضغط المرجعية القياسية) standard reference pressure أو P_{ref} والذي يعادل $2*10^{-5}$ نيوتن/م^2 والذي

52

يكافئ الديسيبل الصفري (صفر ديسيبل). وتبين معادلة 4-3 طريقـــة لتقـــدير وحـــدة الديسبل لشدة الصوت من مصدر صوت وحيد {1، 3، 8}.

$$SPL_P = 20\log\left(\frac{SLP}{SLP_{ref}}\right) db(A) \qquad 4\text{-}3$$

حيث:

SPL_p = مستوى ضغط الصوت (ديسبل dB)

SPL = ضغط الموجة الصوتية (باسكال)

SPL_{ref} = ضغط الموجة الصوتية القياسي (شدة أقل صوت يمكـ ن سـ ماعه) (عـ ادة يساوى 20×10^{-6} باسكال)

مثال 4-1

جد مستوى ضغط الصوت لموجة صوتية ذات ضغط 6 باسكال.

الحل:

1)المعطيات: P = 6 باسكال.

2)جد مستوى ضغط الصوت بإستخدام المعادلـــة: SPL = 20 Log (P/P_{ref})

وعليه:

$$SPL_P = 20\log\left(\frac{6}{20*10^{-6}}\right) = 172\, db(A)$$

برنامج 4-1 مستوى ضغط الصوت:

```
Public Class Form1

    Private Sub Form1_Load(ByVal sender As System.Object,
      ByVal e As System.EventArgs) Handles MyBase.Load
        Label1.Text = "ضغط الموجة الصوتية-باسكال"
        Label2.Text = "مستوى ضغط الصوت-ديسيبل"
        Button1.Text = "احسب المستوى"
        Me.Text = "1-3 مثال"
        Me.FormBorderStyle =
          Windows.Forms.FormBorderStyle.FixedSingle
```

```
        Me.MaximizeBox = False
    End Sub

    Private Sub Button1_Click(ByVal sender As
System.Object,
        ByVal e As System.EventArgs) Handles Button1.Click
        Dim P, SPLp As Double
        P = Val(TextBox1.Text)
        Dim Pref As Double = 20 * Math.Pow(10, -6)
        SPLp = 20 * Math.Log10(P / Pref)
        TextBox2.Text = FormatNumber(SPLp, 0)
    End Sub
End Class
```

مثال 4-2

مستوى ضغط الصوت وجد أنه يعادل $6*10^{-4}$ نيـــوتن/م^2. جــد مســتوى التلـــوث الضوضائي بالديسيبل.

الحل:

(1   المعطيات: $P_1 = 6*10^{-4}$ N/m^2

(2   علما بان الضغط المرجعي reference pressure هو $P_0 = 20 \times 10^{-6}$ N/m^2

(3   استخدم المعادلة لايجاد مستوى ضغط الصوت $SLPp = 10 \log_{10} [P_1/P_0]$ dB.

$$SPL_P = 20 \log\left(\frac{6*10^{-4}}{20*10^{-6}}\right) = 29.5\, db(A)$$

برنامج 4-2: أنظر برنامج 4-1 أعلاه.

جدول (4-1) قياس الصوت

المعادلة ذات الصلة	الرمز	الوحدة	المعيار
	P	Pascal باسكال	Pressure الضغط
P = 1/f	f	Hertz هيرتز	Frequency التردد
I = W/A	I	W/m^2	Intensity الشدة
L' = log (Q/Q₀(	L'	بل	بل Bels (مستمدة من

54

المعادلة ذات الصلة	الرمز	الوحدة	المعيار
			نسبة لوغاريتمية)
$L = 10*\log (Q/Q_o)$	L	ديسيبل	ديسيبل Decibels

مستويات الضوضاء المكافئة لضجيج النهار والليل Day-night equivalent noise levels, L_dn

المستوى المكافئ لضجيج النهار والليل لمجتمع ما يمكن تقديره من المعادلة 4-4.

$$L_{dn}, dB(A) = 10\log\left[\frac{15}{24}\left(10^{lde/10}\right) + \frac{9}{24}\left(10^{(lne+10)/10}\right)\right] \qquad 4\text{-}4$$

حيث:

Ld = المستوى المكافئ لضجيج النهار day-equivalent noise levels (من الساعة 6 صباحا وإلى الساعة 9 مساء) (dB (A))

Ln = المستوى المكافئ لضجيج الليل night equivalent noise levels (من الساعة 9 مساء وإلى الساعة 6 صباحا) (dB (A))

من ثم فإن ساعات اليوم بالنسبة لتقدير الضوضاء والضجيج محددة من الساعة 6 صباحا وإلى الساعة 9 مساء، أي تبلغ 15 ساعة. وساعات الليل محددة من الساعة 9 مساء وإلى الساعة 6 صباحا، أي 9 ساعات. وقد اضيف مستوى صوتي 10 ديسيبل لقيمة Ln للمستوى المتدني من الصوت الطبيعي low ambient sound levels خلال الليل لتقدير قيم L_dn.

مثال 4-3

جد المستويات المكافئة لضجيج النهار والليل لمنطقة معينة علما بأن المتوسط لخمس من ساعات النهار بالديسيبل تساوي 52، 58، 60، 56، 65 وقيم متوسط ساعات الليل الثلاث بلغت 40 و46 و52 ديسيبل. جد قيمة L_dn.

الحل:

1) جد قيمة مستويات الضوضاء المكافئة للنهار من المعادلة

$$L_{de} = 10 \log \sum_{i=1}^{N} \left(10^{ldi/10} \right) / N =$$

$$10 \log \sum_{i=1}^{5} \left(\frac{10^{5.2} + 10^{5.8} + 10^{6} + 10^{5.6} + 10^{6.5}}{5} \right) = 60.29 \, dB(A)$$

2) جد قيمة مستويات الضوضاء المكافئة لليل من المعادلة

$$L_{ne} = 10 \log \sum_{i=1}^{N} \left(10^{ldi/10} \right) / N =$$

$$10 \log \sum_{i=1}^{3} \left(\frac{10^{4} + 10^{4.6} + 10^{5.2}}{3} \right) = 48.42 \, dB(A)$$

3) جد قيمة مستويات الضوضاء المكافئة للنهار والليل من المعادلة

$$L_{dn} = 10 \log \left[\frac{15}{24} \left(10^{lde/10} \right) + \frac{9}{24} \left(10^{(lne+10)/10} \right) \right] =$$

$$10 \log \left[\frac{15}{24} \left(10^{6.029} \right) + \frac{9}{24} \left(10^{5.842} \right) \right] = 59.7 \, dB(A)$$

برنامج 4-3 قيمة مستويات الضوضاء المكافئة للنهار:

```
Public Class Form1

    Private Sub Form1_Load(ByVal sender As System.Object,
    ByVal e As System.EventArgs) Handles MyBase.Load
        Label1.Text = "متوسط الضوضاء بالنهار"
        DataGridView1.Columns.Clear()
        DataGridView1.Rows.Clear()
        DataGridView1.Columns.Add("colVal", "المتوسط بالديسبل")
        Label2.Text = "متوسط الضوضاء بالليل"
        DataGridView2.Columns.Clear()
        DataGridView2.Rows.Clear()
        DataGridView2.Columns.Add("colVal", "المتوسط بالديسبل")
        Label3.Text = "مستوى الضوء المكافئ للنهار والليل-ديسبل"
        Button1.Text = "أحسب"
        Me.Text = "مثال 3-3"
        Me.FormBorderStyle =
            Windows.Forms.FormBorderStyle.FixedSingle
```

56

```vb
        Me.MaximizeBox = False
    End Sub

    Private Sub Button1_Click(ByVal sender As
System.Object,
      ByVal e As System.EventArgs) Handles Button1.Click
        Dim sum, Lde, Lne, Ldn As Double
        Dim i, j, total, N As Integer
        sum = 0
        N = 0
        If DataGridView1.RowCount = 1 Or
            DataGridView2.RowCount = 1 Then
            MsgBox("الرجاء ادخال قيم في الجدولين",
                    vbCritical Or vbOKOnly)
            Exit Sub
        End If

        total = DataGridView1.RowCount - 1
        For i = 0 To total - 1
            j =
Val(DataGridView1.Rows(i).Cells("colVal").Value)
            'If j = 0 Then Continue For
            sum += 10 ^ (j / 10)
            N += 1
        Next
        Lde = 10 * Math.Log10(sum / N)

        sum = 0
        N = 0
        total = DataGridView2.RowCount - 1
        For i = 0 To total - 1
            j =
Val(DataGridView2.Rows(i).Cells("colVal").Value)
            'If j = 0 Then Continue For
            sum += 10 ^ (j / 10)
            N += 1
        Next
        Lne = 10 * Math.Log10(sum / N)
        'Now calculate Ldn
        Dim l1, l2 As Double
        l1 = (15 / 24) * (Math.Pow(10, Lde / 10))
        l2 = (9 / 24) * (Math.Pow(10, (Lne + 10) / 10))
        Ldn = 10 * Math.Log10(l1 + l2)
        TextBox1.Text = FormatNumber(Ldn, 2)
    End Sub
End Class
```

3 – 4 جمع مستويات الصوت

أما بالنسبة لحقول الصوت الناتجة من عدة مصادر مختلفة فيمكن إيجاد مستوى ضـــغط الصوت لها من المعادلة 4-5 {1، 6، 9}.

$$SPL = 10 \log \left[\sum_{i=1}^{N} 10^{\frac{SPL_i}{10}} \right] =$$ 4-5

حيث:

SPL = مستوى ضغط الصوت الكلى (ديسبل)

SPL_i = مستوى ضغط الصوت لكل مصدر صوت رقم i

N = عدد المصادر الصوتية المؤثرة

مثال 4-4

تعمل أربعة آليات فى ورشة مصنع ويصدر عن كل منها مستوى ضغط صوت مقداره 80، 60، 90، و105 ديسبل على الترتيب. جد قيمة مستوى ضغط الصوت الصادر من الأربعة آليات عند عملها مجتمعة.

الحل:

1)المعطيات: N = 4، قيمة مستوى ضغط الصوت لكل آلية، SPL_1 = 80،

SPL_2 = 60، SPL_3 = 90، SPL_4 = 106.

2)جد قيمة مستوى ضغط الصوت الكلى بإستخدام المعادلة: SPL = 10 Log S

10SPL i/10

وعليه:

$$SPL = 10 \log \sum_{i=1}^{4} 10^{80/10} + 10^{60/10} + 10^{90/10} + 10^{105/10} = 105 \, dB(A)$$

برنامج 4-4 قيمة مستوى ضغط الصوت الصادر من عدة آلات:

```vbnet
Public Class Form1

    Private Sub Form1_Load(ByVal sender As System.Object,
    ByVal e As System.EventArgs) Handles MyBase.Load
        Label1.Text = "مستوى ضغط الآليات"
        DataGridView1.Columns.Clear()
        DataGridView1.Rows.Clear()
        DataGridView1.Columns.Add("colVal", "المستوى بالديسيبل")
        Label2.Text = "مستوى ضغط الصوت الكلي-ديسيبل"
        Button1.Text = "أحسب"
        Me.Text = "مثال 4-3"
        Me.FormBorderStyle =
            Windows.Forms.FormBorderStyle.FixedSingle
        Me.MaximizeBox = False
    End Sub

    Private Sub Button1_Click(ByVal sender As
System.Object,
        ByVal e As System.EventArgs) Handles Button1.Click
        Dim SPL, sum As Double
        Dim i, j, total, N As Integer
        sum = 0
        N = 0
        If DataGridView1.RowCount = 1 Then
            MsgBox("الرجاء ادخال قيم في الجدول",
                    vbCritical Or vbOKOnly)
            Exit Sub
        End If

        total = DataGridView1.RowCount - 1
        For i = 0 To total - 1
            j =
Val(DataGridView1.Rows(i).Cells("colVal").Value)
            'If j = 0 Then Continue For
            sum += 10 ^ (j / 10)
            N += 1
        Next
        SPL = 10 * Math.Log10(sum)
        TextBox1.Text = FormatNumber(SPL, 2)
    End Sub
End Class
```

ويمكن أيضا تقدير تجاوب الفرد للصوت من قانون ويبر وفشنر Weber & Fechner
law. أما قانون ويبر فينص على أن أقل زيادة في التنبيه التي تنتج زيادة في الشـ عور

59

(أو الإدراك) بها تتناسب مع مصدر التنبيه الموجود أصلا. وقانون فشنر يدل علــى أن شدة تغير إدراك الإنسان تتناسب هندسيا مع الطاقة المسببة لهذا الشعور أو الإدراك {1، 3، 9}. ومن هذين القانونين يمكن تعريف الديسبل كما موضح فى المعادلة 6-4.

$$SWL = 10\log\left(\frac{W}{W_o}\right)$$ 4-6

حيث:

SWL = مستوى طاقة الصوت (ديسبل)

W = طاقة الموجة الصوتية (وات)

W_o = طاقة الصوت القياسية (عبارة عن أقل طاقة يمكن سماعها)، وعـــادة تسـ ـاوى 10^{-12} وات (بيكو وات)

عادة يستخدم مستوى التعرض اليومى الشخصى للصوت Daily personal noise exposure Level ($L_{EP,d}$) والذى يمكن إيجاده من المعادلة 7-4.

$$L_{EP},d = 10\log\left[\frac{1}{T_o}\int_{0}^{T_e}\frac{P_A(T)}{P_{ref}}\right]^2$$ 4-7

حيث:

$L_{EP,d}$ = مستوى التعرض اليومى الشخصى للصوت (ديسبل)

T_e = فترة تعرض الأشخاص تعرضا شخصيا للصوت

T_o = طول اليوم العملى (عادة تؤخذ الفترة العملية لمدة 8 ساعات)

$P_A(t)$ = قيمةٌ تتغير مع الزمن لضغط الصوت التراكمى اللحظى لمنحنى A(باسكال)

P_{ref} = ضغط الصوت القياسى (باسكال = $20*10^{-6}$)

كما ويوجد معيار متوسط أسبوعى لمستوى التعرض الشخصى للصوت $L_{EP,W}$ للقيم اليومية المتعرض لها الشخص من الأصوات ويمكن تقديره من المعادلة 8-4 {1}.

$$L_{EP},w = 10\log\left[\frac{1}{5}\sum_{i=1}^{N}10^{0.1(LEP,d)i}\right]$$ 4-8

حيث:

$L_{EP,w}$ = المتوسط الأسبوعى لمستوى التعرض اليومى الشخصى للصوت (ديسبل (B (A) على منحنى (A)

$(L_{EP,d})_i$ = مستوى التعرض اليومى الشخصى للصوت ((dB (A)

N = عدد أيام الدوام فى الأسبوع

مثال 4-5

يعمل عامل لمدة ستة أيام فى الأسبوع ومستوى التعرض اليومى الشخصى للصوت على مدار هذه الأيام يساوى 80، 77، 84، 70، 94، 79 dB (A) على الترتيب. جد المتوسط الأسبوعى لمستوى التعرض اليومى الشخصى للضوضاء.

الحل:

1)المعطيات: $(L_{EP,d})_1 = 80$، $(L_{EP,d})_2 = 77$، $(L_{EP,d})_3 = 84$، $(L_{EP,d})_4 = 70$، $(L_{EP,d})_5 = 94$، $(L_{EP,d})_6 = 79$ ديسبل.

2)جد المتوسط الأسبوعى لمستوى التعرض اليومى الشخصى للضوضاء من المعادلة:

$$L_{EP,w} = 10 \text{Log} \left[(1/5)\ \Sigma_{i=1}\ 10^{0.1\ (L_{EP,d})i}\right]$$

وعليه:

$$L_{EP,w} = 10 \times \text{Log}[(1/5) \times 10^{8} + 10^{7.7} + 10^{8.4} + 10^{7} + 10^{9.4} + 10^{7.9})]$$

$= 87.7$ ديسبل dB (A).

برنامج 4-5 المتوسط الأسبوعى لمستوى التعرض اليومى الشخصى للضوضاء:

```
Public Class Form1

    Private Sub Form1_Load(ByVal sender As System.Object,
      ByVal e As System.EventArgs) Handles MyBase.Load
        Label1.Text = "مستوى ضغط الآليات"
        DataGridView1.Columns.Clear()
```

```
        DataGridView1.Rows.Clear()
        DataGridView1.Columns.Add("colVal", "المستوى بالديسبل")
        Label2.Text = "مستوى ضغط الصوت الكلي-ديسيبل"
        Button1.Text = "أحسب"
        Me.Text = "مثال 3-4"
        Me.FormBorderStyle =
          Windows.Forms.FormBorderStyle.FixedSingle
        Me.MaximizeBox = False
    End Sub

    Private Sub Button1_Click(ByVal sender As
System.Object,
      ByVal e As System.EventArgs) Handles Button1.Click
        Dim SPL, sum As Double
        Dim i, j, total, N As Integer
        sum = 0
        N = 0
        If DataGridView1.RowCount = 1 Then
            MsgBox("الرجاء ادخال قيم في الجدول",
                   vbCritical Or vbOKOnly)
            Exit Sub
        End If

        total = DataGridView1.RowCount - 1
        For i = 0 To total - 1
            j =
          Val(DataGridView1.Rows(i).Cells("colVal").Value)
            'If j = 0 Then Continue For
            sum += 10 ^ (j / 10)
            N += 1
        Next
        SPL = 10 * Math.Log10((1 / 5) * sum)
        TextBox1.Text = FormatNumber(SPL, 2)
    End Sub
End Class
```

من المعروف أن مستوى الصوت يقل كثيرا بزيادة المسافةمن مصدره {7} وتبين المعادلة 4-9 العلاقة بين مستوى الصوت والمسافة من مصدر صوت خطى.

$$SLP_B = SLP_A - 10\log\left[\frac{D_B}{D_A}\right] \qquad 4\text{-}9$$

حيث:

SLP_B = مستوى الصوت على المسافة D_A من مصدره

SLP_B = مستوى الصوت على المسافة D_B من مصدره

مثال 6-4

مستوى الصوت على مسافة 3 متر والمنبعث من مصدر صوت معين يساوى 91 dB (A). جد المسافة من مصدر الضوضاء التى يقل عندها مستوى الصوت إلى مقدار 86 dB (A).

الحل:

1)المعطيات: $D_A = 3$ متر، $SLP_A = 91$ ديسبل، $SLP_B = 86$ ديسبل.

2)جد المسافة المطلوبة بإستخدام المعادلة: $SLP_B = SLP_A - 10 \text{ Log } (D_B/D_A)$

وعليه بتعويض القيم المعطاة من الخطوة 1 فى المعادلة ينتج:

$$86 = 91 - 10 \times \text{لو} (D_B \div 3)$$

ومنها يمكن إيجاد $D_B = 9.5$ متر.

برنامج 6-4 المسافة من مصدر الضوضاء التى يقل عندها مستوى الصوت إلى مقدار معين:

```
Public Class Form1
    Private Sub Form1_Load(ByVal sender As System.Object,
      ByVal e As System.EventArgs) Handles MyBase.Load
        Label1.Text = "DA (m)"
        Label2.Text = "SLPA (dB)"
        Label3.Text = "SLPB (dB)"
        Label4.Text = "DB (m)"
        Button1.Text = "أحسب"
        Me.Text = "6-3 مثال"
        Me.FormBorderStyle =
          Windows.Forms.FormBorderStyle.FixedSingle
        Me.MaximizeBox = False
    End Sub

    Private Sub Button1_Click(ByVal sender As
System.Object,
      ByVal e As System.EventArgs) Handles Button1.Click
        Dim DA, DB, SLPA, SLPB As Double
        DA = Val(TextBox1.Text)
        SLPA = Val(TextBox2.Text)
        SLPB = Val(TextBox3.Text)
        DB = (Math.Pow(10, (SLPA - SLPB) / 10)) * DA
```

```
        TextBox4.Text = FormatNumber(DB, 2)
    End Sub
End Class
```

مثال 4-7

جد مستويات التلوث الضوضائي اذا تضاعفت المسافة من مصدر ضجيج ما.

الحل:

1)المعطيات: r2 = 2r1

2)باستخدام المعادلة L2 = L1 - 20log10 (r2/r1) وبتعويض المعطيات فيها ينتج التالي:

L2 = L1 - 20 log10 (2r1/r1) = L1 - 20 log10(2) = L1 - 20 x 0.301 = L1 - 6.02

مما يعني أن مستوى التلوث الضوضائي يقل بستة ديسيبل عند مضاعفة المسافة من مصدر الصوت ومنبع الضجيج.

4 – 4 طرق قياس الضوضاء

توجد عدة طرق لتقدير الأصوات المرتفعة بأسلوب سهل ومتقن وفعال. ومن هذه الطرق مجهر الصوت، وشبكة الوزن، ومقياس مستوى الصوت {3، 10}:

أ) مجهر الصوت (المايكروفون) Microphone: وهو عبارة عن مبدل طاقة يعمل على تحويل تردد ضغط الصوت إلى إشارات كهربائية يسهل قياسها. ومن أنواعه مجهر الصوت المكثف Condenser microphone. ويتكون المجهر المكثف من غشاء يستخدم كأحد أقطاب المكثف، ولوح إستقطاب موازى للغشاء وينفصل عنه بطبقة رقيقة من الهواء تعمل كقطب ثانى للمجهر. ويُستقطب المجهر المكثف بواسطة شحنة بحيث تحدث الإهتزازات (فى فتحة الهواء الناتجة من إزاحة الضغط للغشاء) إهتزازات مماثلة فى فولتية المكثف.

ب) شبكة الوزن Weighting network: يتكون جهاز قياس الصوت من مايكروفون ومكبر ودائرة تردد (مرشح) وجهاز تسجيل النتائج. ويقوم الجهاز بترشيح ترددات

معينة ليجعل التجاوب للصوت يماثل خواص السمع البشرى. وقد إستخدمت عالميا ثلاثة مقاييس قياسية مبينة فى شكل 3-3. صممت دائرة الوزن (A) (أنظر شكل (4-3)) محاكاة للتجاوب الصادر من الأذن البشرية لمستوى أصوات ضعيفة. كمـا وضع المنحنى (B) لتقدير التجاوب للأذن على مستويات 55 إلى 85 ديسبل. أمـا المنحنى (C) فقد وضع لتقدير التجارب على مستوى أعلى من {10، 3 85dB}. يعطي منحنى (C) للتجاوب المستوى قيم تراكمية متساوية لكل قيم للـتردد، كمـا ويحاكى تجاوب الأذن لمستوى ضغط أصوات عالٍ. وهنالك أيضا تقدير رابع (D) وضع لقياس الضوضاء الناتجة من الطائرات. وعادة يستخدم منحنى (A) لقيـاس التجاوب للضوضاء لأنه يماثل التجاوب من الأذن البشرية ولتفـادى الخلـط عنـد إستخدام منحنيات كثيرة ومتعددة.

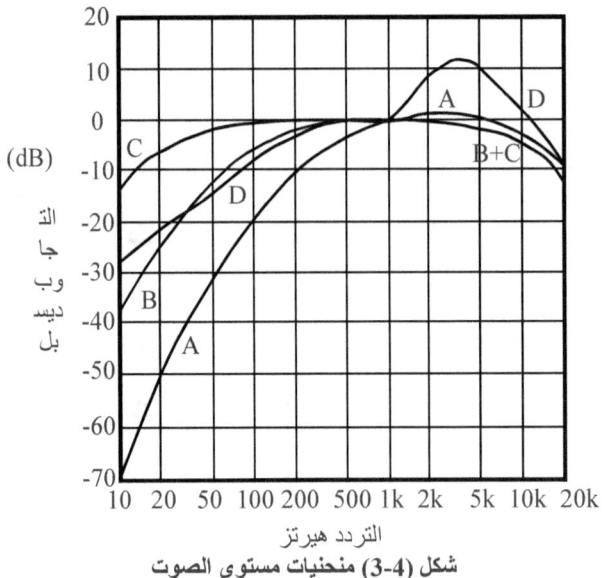

شكل (3-4) منحنيات مستوى الصوت

Source Anderson, J. S. and Bratos-Anderson, M., (1993),
Noise and its Measurement, Analysis, Rating and Control,
Avebury Technical, Hants, England.

جـ) مقياس مستوى الصوت Sound level meter: وهذا الجهاز يقيس مستوى ضغط الصوت فى حقل صوتى. ويتكون من ميكرفون ومكبر وموهن ومقيـاس قـــراءة لتسجيل قيمة مستوى الصوت. ويقوم الجهاز بتحويل الصوت إلى إشارة كهربائيـة يسهل قياسها. (أنظر شكل 4-4).

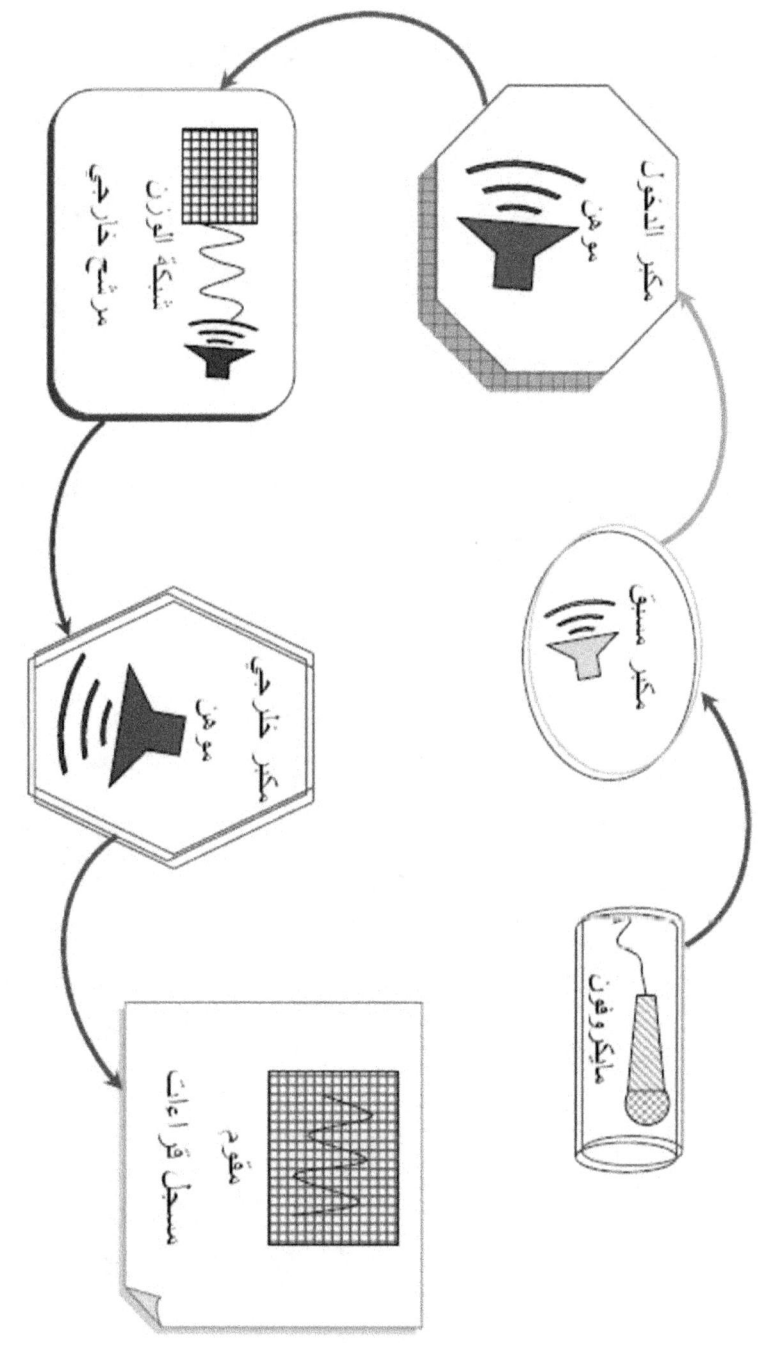

شكل (4-4) رسم تخطيطي لمقياس مستوى الصوت

الفصل الخامس: التحكم فى التلوث بالضوضاء والضجيج

ملخص أغراض الفصل

• أهداف التحكم في التلوث السمعي.

• حلول مقترحة للحد من التلوث الضوضائي.

• تبيان طرق التحكم في الضوضاء بمستوياتها الثلاثة (تخفيض الصوت عند المصدر، قطع مسار الصوت، حماية المستقبل).

• تبيان وتفعيل دور الجهات الرقابية والتنظيمية.

• تبيان أهمية دور مكاتب الإنفاذ المحلية في التحكم في الضوضاء.

---

5 – 1 مقدمة

عادة يتحكم فى الضوضاء والضجيج على ثلاثة مستويات تجرى بتخفيض الصوت عند المصدر، أو قطع مسار الصوت، أو حماية المستقبل. ومن العوامل المؤثرة فى التحكم بالضوضاء: القوانين والتشريعات، والنواحى الإقتصادية، ومناحى التشغيل، والعوامل البيئية. وللتحكم فى الصوت عبر الهواء عادة يتم بناء عـائق بيـن مصـدر الصـوت والمستقبل له وهذه تدعى الدرع الصوتى Acoustic shielding {2} ومن أمثلـة العوائق المستخدمة: الغرابيل، وحظائر الصوت، والمبانى، ومحرم (مسطاح) التربـة، والأرض التى تحجب المصدر من المستقبل.

5 – 2 حلول للتلوث الضوضائي

من مجمل الحلول المفيدة والجيدة التي يمكن انتهاجها للحيلولــة دون وقـوع التلـوث السمعي والحد منه: الزراعة، والصيانة، والعزل، والحماية، والتشريع، والتوعية علـى النحو المفصل التالي:

1)الزراعة: زراعة الشجيرات والأشجار في محيط مصادر توليد الصوت وحولها.

2)الصيانة والترميم:

a.الصيانة الدورية للمركبات والسيارات وضبطها.

b.تزييت الآلات وتشحيمها وصيانتها بغرض تقليل توليد الضجيج واصداره منها.

3)العزل والمنع:

a.تصميم المباني بمواد مناسبة تعمل على امتصاص الضجيج من الجدران والنوافذ والأسقف.

b.تركيب أبواب ونوافذ عازلة للصوت لمنع الضوضاء غير المرغوب فيها والمنبثقة من الخارج.

c.وجوب تشييد المصانع والصناعات المنتجة للضوضاء بعيداً عن المناطق السكنية وفي معزل عنها.

4)الحماية: توفير المعدات المهمة للعمال لحماية الاذن والسمع مثل سدادات الأذن وغطاء الأذنين.

5)التشريع والقانون: فرض اللوائح والتشريعات الملزمة للحد من استخدام مكبرات الصوت في المناطق المزدحمة والمأهولة بالسكان والأماكن العامة.

6)التخطيط الاستراتيجي والتشغيلي: العمل على تطوير المجتمع أو الإدارة الحضرية بموجب التخطيط طويل الأجل بهدف الحد من التلوث الضوضائي.

7)العمل النوعوي: تنشيط برامج الوعي الاجتماعي ولتثقيف الجماهيري حول أسباب التلوث الضوضائي وآثاره ومخاطره وطرق تفاديه.

3 – 5 هدف التحكم في التلوث السمعي

يهدف التحكم من التلوث بالضوضاء والضجيج إلى:

✓الحد من أو منع الضوضاء.

✓المحافظة على حالة الإنسان الصحية (الجسدية والعقلية والنفسية والإجتماعية والسلوكية).

✓تغيير الآليات الباعثة للضوضاء بأخرى أكثر هدوءاً.

✓مراعاة مشاكل الضوضاء والضجيج والصخب عند التصميم والإنشاء.

✓الحد من مشاكل الضوضاء على الحيوان والنبات.

✓نظافة البيئة المحلية والمحافظة عليها.

ويبين شكل 1-5 أمثلة لبعض طرق التحكم فى الصوت.

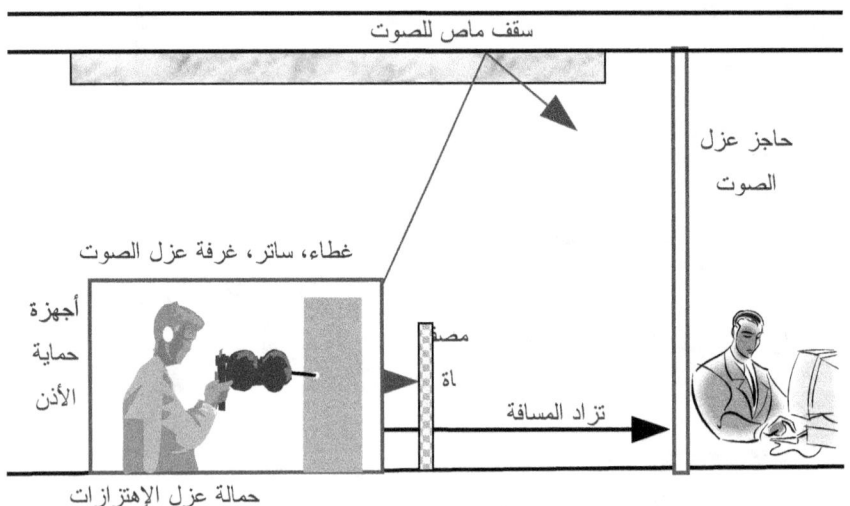

شكل (1-5) أمثلة لبعض طرق التحكم في الصوت

5 – 4 طرق التحكم في التلوث الضوضائي

التحكم فى الصوت من مصدره أو مسار إنتقاله أو عند مستقبله يمكن أن يتم بعدة طرق منها:

<u>أ) *طرق التحكم في المصدر*</u> وفى هذا المنحى يمكن:

⇐إستخدام مصدر أكثر هدوءا (مثلا يمكن إستخدام آليات وماكينـات هادئـة أو تغيير الماكينات الحالية).

⇐تقليل قوة السعة (المطال) للماكينة. وهذا يمكن إتمامه بتقليل الصـدمات أو النبضات بإستخدام قوى أبطأ، أو بإستخدام مواد أنعم عند ملامستها للأسـطح، أو بموازنة الأجزاء المتحركة، أو بتقليل الإحتكاك بالتزييت والتشحيم للكراسى والأجزاء المتحركة. أو بإستخدام ماصات ديناميكية.

⇐تقليل التجاوب للصوت وهذا يمكن إتمامه:

69

o بزيادة فقدان الطاقة الداخلية للماكينة.

o بتغيير التردد الطبيعى للماكينة.

o بتخفيض كفاءة الإشعاع الصوتى.

< تغيير طريقة التشغيل: وهذه يمكن عملها عن طريق:

o برمجة تشغيل الماكينات لتخفيض مستوى الصوت.

o تقليل التشغيل الليلى أو منعه إذا كانت هنالك شكاوى من الجمهور.

(ب) طرق التحكم فى مسار الصوت مثلا يمكن وضع عوائق فى مسار الصوت أو يمكن تغطية المصدر بمواد عازلة.

(جـ) طرق حماية المستقبل للصوت وهنا يتم حماية المستقبل للصوت مثلا بإستخدام سدادات الأذن وخوذات الرأس وغيرها من وسائل الحماية والإجراءات الوقائية.

يستخدم العزل الصوتى Sound insulation للتحكم فى مسار نقل الصوت ويمكن تحقيقه ببناء حائط، أو وضع ألواح فى مسار الصوت تفصل بين المصدر والمستمع. وقد استخدمت هذه الطريقة للتحكم فى الأصوات المنقولة بالهواء، وفى مشاكل إنتقال الصوت من غرفة إلى الأخرى داخل المبانى. ولكفاءة العزل ينبغى إستخدام حوائط عريضة كثيفة من الطوب أو الخرسانة {1}.

أما إمتصاص الصوت فيستخدم لتقليل مستوى إنعكاس الصوت فى غرفة تضم مصدر الصوت والمستمع والتى يحتاج فيها إلى ترفيع حلة العـوتيات ويمكن إستخدام الرصاص فى هذا المنحى.

تستخدم كاتمات الأصوات Silencers لتقليل الصوت المنتقل من خلال الفتحات والمسالك والمجارى للمستمع (مثلا فى مكيفات هواء الغرف) وهنالك نوعان من كاتم الصوت:

1) الكاتم المبدد للصوت Dissipative silencer: ويعمل هذا الكاتم لتبديد الطاقة الصوتية بتحويلها إلى أنواع أخرى من الطاقة غالبا تكون طاقة حرارية.

2)الكاتم المتفاعل Reactive silencer أو مرشح الصوت Acoustic filter أو Muffler : وفيه يتم حصر الطاقة الصوتية داخل الحجـرة أو النظـام، ولا يسمح بمرورها من الجهة الأخرى للتأثير على المستقبل أو المستمع. وقد تـم إستخدام الكاتم المتفاعل فى التهوية ونظم تكييف الهواء.

عامة تستخدم كواتم الصوت للتحكم فى الصـوت النلتـج مـن الأجهـزة الميكانيكيـة والماكينات (الإحتراق الداخلى، الديزل) وفى مسار الهواء السريع {6}.

يبين شكل 5-2 ملخص لأهم طرق التحكم من التلوث بالضوضاء والضجيج.

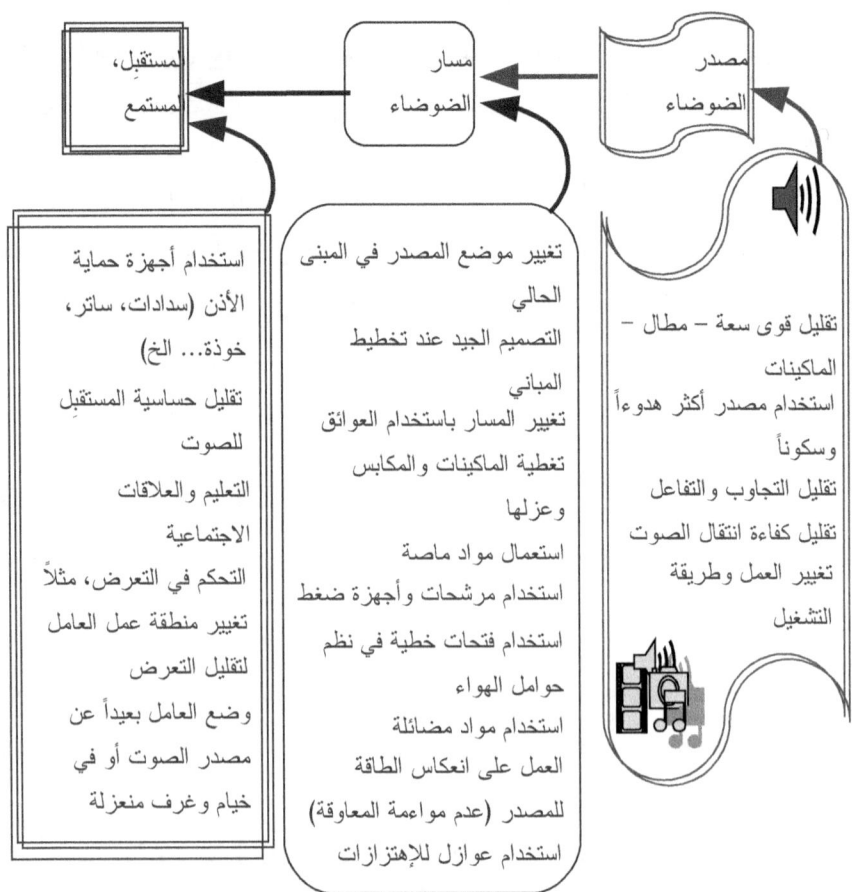

شكل (5-2) أهم الطرق للتحكم في التلوث بالضوضاء والضجيج

5 – 5 الجهات الرقابية والتنظيمية {12-19} *regulatory bodies*

عمل الجهات الضابطة للتحكم في المخاطر الصحية يتجلى في وضعها للمعايير وتطبيقها عبر البنى التحتية والأطر الميسرة لهذا التطبيق والمسهلة لاتمامه على الوجه الاكمـل. غير أن عمل هذه الجهات لوحده لا يفي بالغرض ما لـميـواكبه للـتزامب التحكم فـي المخاطر ومنع حدوثها على مستوى المنشأة والوحدة المصدرة لها والحاثة على انبعاثها. ومن ثم تفيد الاجراءات الاستراتيجية للوصول لهذه الاهداف عبر برامج تطبيق التصنت للمحادثات وتدريب الأطر الكفؤة وجهود الترقية ومشاريع الاعـتراف والجـودة. لا يوجد حل وحيد وأمثل للتغلب على الضوضاء والتحكم في تلوثها وللـتي تضـم قائمـة متنوعة من الاجراءات والنظم والفعاليات والضوابط والتقانات المبتكرة منها {17}:

أ)الطرق المنظمة لتحديد المشكلة ووضع خطة محكمة للتصدي لهـا، واصـدار النظم والتشريعات لمقاييس التعرض المقبول غير المضر بالصحة العموميـة وأمن العامل عبر توفير المعينات التي تحافظ على السـمع وتمنع الاصابة بالصمم وفقدان السمع على المديين القصير والطويل. ومما لا شـك فيـه أن تطبيق القانون لوحده لا يكفي مما يلزم معه تسخير الموارد للتـدريب ونشـر المعلومة والمعرفة ورفع الوعي المجتمعي والتحفيز. وفي اطار المصانع لا بد من التأكد من توفير سدادات الاذن في حال وجود ضوضاء وضجيج في داخل المصنع وفي محيطه المجاور عبر تطبيق التشريع المناسـب والمهتـم بهـذا الجانب، وباجراءات الفحص الطبي الدوري على العامل قبل بدء العمل وأثنائه طيلة العام ووجود طبيب دائم من ذوي الاختصاص في هذا الفرع من العناية والرعاية الطبية. ثم لا بد أن تسن اللوائح الضابطة على الحدود التي يسمح بها لشدة الضجيج وقيمة الضوضاء فيما يتعلق بالمـدى المسـموح بـه permissible exposure limit وطرق قياس الازعاج والتحكم فيه من قبل فنيين مختصين ومدربين في هذا الجانب.

ب)ضوابط التحكم في التلوث الصوتي وتشـريعاتها لتضـم الأحكـام الضـابطة لمستوى الضوضاء وشدة الضجيج داخل المنشأة والطرق للـواجب اتباعهـا لتقليل التلوث والحد منه لحماية العاملين والمستفيدين من المنشأة ومن يجاورها ممن تؤثر فيهم مخاطر الملوثات الصوتية الصادرة منها أو التابعة لها وتحديد

72

الحدود المسموح بها للتلوث (ربما المكافئ لمستوى 85 ديسيبل لفترة ساعات الدوام والعمل لثمان ساعات) وطرق المكافحة وتقييد استجلاب الاجهزة والمعدات التي تسهم في زيادة التلوث الصوتي والضوضاء المفرطة وتبيان درجة الصوت وشدته النابعة من تشغيلها. مع أهمية تعيين مراقب كفء لقياس الصوتيات والتردد المنبعث من الاليات والمعدات بالمنشأة لتحديد أي أوجه أو مصادر منتجة للتلوث الصوتي، وأن يقوم باقتراح الحلول المناسبة لمعالجة أي مشكلة منبعثة لاحقا لأي سبب من الأسباب ومتابعة اجراءات الامن والسلامة السمعية وتطبيق الموجهات من قبل كافة العاملين بالمنشأة والزوار. ومن التشريعات المهمة: تشريعات الصحة العمومية لحدود الضوضاء لمحيط المصنع boundary noise limits for factory premises لكي لا تتأثر المناطق المحيطة للمنشأة بأي تلوث صوتي صادر منها. ومن ثم فإن أقل تلوث لمحيط المنشأة يعتمد على نوع الاشياء المحيطة والوقت خلال اليوم ومدة قياس التلوث الصوتي والتي ربما تتراوح بين 50 ديسيبل للمناطق الحساسة للصوت و75 ديسيبل داخل محيط المنشأة، يفيد في هذا المنحى سن كود للعمل code of practice من الجهات الفنية والهندسية وجهات الاختصاص وممثلي المنشآت الصناعية والفنية ذات التأثير واحتمال تصدير المنفوثات الصوتية، وذلك لاختيار اجهزة الحملية السمعية hearing protectors وطرق استخدامها والمحافظة عليها وصيانتها المستمرة ومعايرتها الدورية. وتشريعات التحكم في التلوث البيئي لضوضاء مكان العمل ومواقع التشييد لتنظيم مستويات التلوث الصوتي في محيط مكان العمل وللتي تحدد بمستويات مكافئة للضوضاء عبر 5 دقائق الى ساعة ثم 12 ساعة مما يتوجب معه تحديد مستويات مختلفة للازعاج في المناطق المختلفة ومواقع العمل عبر أزمان مختلفة وأوقات متباينة. ويوفر التشريع معلومات حول الطرق المثلى لتقليل التلوث الصوتي والحد منه في موقع العمل من مصدر انتاجه من آليات البناء والتشييد والهدم والازالة، كما ويشير لمستويات التلوث بالضوضاء من العمل وكيفية تفاديها لحماية العامل بالموقع والسكان والجهات المجاورة للموقع

بالاضافة الى مقترحات تؤخذ عن التخطيط التصميمي ومراحـل مشـروع التشييد.

ت)ابتداع نظم منح الحوافز ومنظومات الجوائز للمنشآت التي تحرص على ادخال منظومات منع التلوث بالضجيج في مواعين تشغيل آلياتها ومعداتها المصدرة للتلوث الصوتي سيما وتعلو تكلفة ادخال الاجهـزة الهندسـية والتكنولوجيـة الضابطة للتلوث والمتحكمة فيه والمانعة لحدوثه خاصة للمنشآت الصـغيرة الحجم. وقد تضم مثل هذه الحوافز المشجعة: نظم الحـوافز الضـريبية Tax Incentive Scheme لمساعدة المنشأة في تقليل تكلفة ادخـال المعينـات الهندسية الصادة لتلوث الضوضاء، أو تسارع انخفاض القيمة accelerated depreciasion allowance أو تقليل الآليات الجديدة، أو تركيب أجهـزة التحكم في التلوث السمعي، أو التحكم في الملوثات الضجيج لمدى تشريعي. من المفيد ايضا ابتداع جوائز وشهادات التحكم في الضوضاء noise control awards ربما على مستوى المنشأة وربما بمسـتويات مختلفـة وفـي ذلـك فليتنافس المتنافسون من الشركات والوحدات والمصالح والصناعات وغيرهـا من الجهات المنتجة لملوثات الضوضاء والضجيج والازعاج.

ث)الاكتشافات والاختراعات الهندسية والتقانات المطورة والمسـتوطنة لمكافحـة التلوث بالضجيج.

ج)الفحص والمراقبة والتطبيق للتأكد من وجود أقل المعايير الصحية في المنشـأة حال تسجيلها بعد معاينتها وفحصها من الخبراء وقبل بداية تشغيلها، ومنـاطق العمل ذات الخطر الأكبر المستهدفة (مثلا مصانع الغزل والنسيج، ومصـانع الاغذية وانتاج الطعام، ومصانع الاخشـاب ومنتجاتهـا، ومصـانع للـورق والطباعة، ومصانع تشكيل الحديد، والصـناعات الكيميائيـة والبلاسـتيكية، وصناعة المطاط ... الخ)، والتركيز على تحديد التلوث الصوتي وكيفية التحكم فيه وتقارير التقويم وخطة التحكم والمكافحة، وقواعد البيانات الوطنية للتعرض للضوضاء والضجيج.

ح)رفع الوعي والتوعية بالمخاطر السمعية والتلوث بالضوضاء والضـجيج فـي حيز العمل ولفترة الدوام الصوتية والتركيز على الجهود الحكومية والشـعبية

والخاصة للسلامة والامن من الملوثات ربما عبر برلمج التصنت على المحادثات ووحدات الاختبار السمعي المتحركة بالمنشأة لعقد الامتحانات لقياس السمع بأقل شوشرة على البرنامج الانتاجي وتعطله الزمني وبأقل تكلفة ممكنة وذلك بغية تصفية مشاكل الضوضاء وانبعاثاتها في محيط المنشأة. ربما تضم البرامج التوعوية: موجهات التلوث الصوتي الصناعي، والتحكم في الاهتزازات، والتحدث والمخاطبة الكفؤة ، وترميز الضوضاء، ومحاذير الصمم من الملوثات الصوتية، وتنظيم مصادر الضوضاء، وبروتوكولات السمع وغيرها الكثير.

خ)التأكد من التدريب المستمر لكافة العاملين فيما يتعلق بالسلامة السمعية وبناء القدرات والتنمية البشرية للأطر المدربة في منظومة التحكم في الضجيج والتلوث السمعي بالتركيز على رصد التلوث بالضوضاء والضجيج، والتحكم في مصادر التلوث السمعي، والحجب لقياس السمع، وتقدير نفث الملوثات السمعية والترميز، والنظم المتابعة والرصد وتطبيق المعايير والتشريعات الضابطة. هذه المنظومة التدريبية تحتاج لمعاهد متخصصة لها وخبراء تدريب من ذوي الاختصاص والدراية والمعرفة والمعتمدين في أطر الجودة والاعتماد العالمية.

د)النشاط الترويجي للوصول للمنشأة والمشاريع التعاونية حول السمع والتحدث. من المناسب عقد دورات تشاورية ومؤتمرات تمهيدية وندوات توعوية وبرلمج تثقيفية للمنشآت المتوقع صدور ضوضاء من أعمالها قبل التفكر في تطبيق القوانين الضابطة والتشريعات عليها

من المهم على مكتب الإنفاذ الاستماع للشكاوى والمتابعة والتطبيق والمراقبة الدورية وليس فقط الاكتفاء بإصدار التحذيرات والتعامل مع النزاعات حول التلوث الضوضائي عن طريق التفاوض بين الباعث والمتلقي تفاديا للتكاليف المرتفعة وهلمجرا. سيما وقد يستمر التلوث الضوضائي لقلة المتضررين من الضوضاء وتدني تقديم الشكاوى الرسمية منهم للجهل بالحقوق القانونية وغياب التوعية بكيفية تسجيل الشكوى لجهات الاختصاص.

لتبصير المنشأة بالمعايير والنظم وتوعية العاملين وتعليمهم لمخاطر الضوضاء التي سيتعرضون لها حال عملهم بهذه المنشأة تحديدا بالتركيز على رصد الضوضاء ومستوى الضجيج ونظم المكافحة والحملية الشخصية والتعليم الصحي السمعي وعقد اختبارات السمع وحماية الاذن وغيرها من البرامج ذات الصلة والفائدة المرتجاة.

ذ)مشاركة التطبيقات الناجحة وتقاسم أفضل الممارسات والاعمال الرلئدة للاستفادة من تجاربها والتعلم منها لابتكار حلول جديدة وربما تُدعّم الطريقة بتكوين مستودع ما لتوثيق حالات التحكم الناجح في التلوث الصوتي في منشأة معينة أو ادارة محددة. ثم نشر الحالة عبر المنشورات والمطبقات والاقراص الضوئية وغيرها من وسائل النشر التقليدي والافتراضي الالكتروني عبر موقع وبوابة ما Web portal ينشأ لهذا الغرض وللتعاون مع الجهات الداعمة والمنتجة لمنتجات مثيلة.

ر)تبني التحدي والجهوزية له عبر طرق متعددة الجوانب تضم المراقبة والتنظيم والبنى التحتية والتشريع والتحفيز والترقية والتطوير وتبني التقانة وتطويرها والبحث العلمي المرتكز على البرهان والتطبيقي عبر الشراكات الحكومية والأهلية الخاصة لمكافحة تلوث الضوضاء والضجيج، واستراتيجية تسابقية، ومشاركة نافعة ومشجعة، والتركيز على الجهود. مما يبشر بمحاربة التلوث السمعي وجعله قضية عامة تهم كل فرد في المجتمع لاستقطاب الدعم السياسي والاجتماعي والثقافي والتربوي والديني والصحي والانساني.

ز)يشمل تنظيم الضوضاء القوانين والمبادئ التوجيهية المتعلقة بانتقال الصوت من تلك الموضوعة على مختلف المستويات الوطنية وحكومة الدولة والمقاطعات والبلديات ذات الصلة. ومن الواجب اكمال القوانين والتأكد من امكانية تنفيذها لمعالجة المعدلات المرتفعة للضوضاء المحيطة، وتحديد حدود عددية واضحة لملوثات المصدر يسهل تنفيذها، ووضع التوجيهات المحلية الشاملة.

تمارين نظرية وعملية

تمارين نظرية

1. عرف كلاً من الآتى: الصوت، والضوضاء والضجيج، والموجــة الصــوتية، والتردد، والأصوات الداخلية والأصوات فوق الصوتية، ومطال الموجة.

2. ما فائدة الصوت لحياة الإنسان ومعيشته؟

3. ما مسببات الضوضاء والضجيج والتلوث السمعي فى منطقتك؟ بيّــن مصــدر معلوماتك.

4. كيف ينتقل الصوت من وسط إلى آخر؟ علل اجابتك.

5. تحدث بإيجاز عن كل مما يأتى:

• الحياة اليومية لفرد سوي فى منطقة معزولة تماما من الأصوات.

• مخاطر التلوث بالضوضاء والضجيج على صحة الإنسان وحياته الطبعية.

• إستخدام وحدة الديسبل لقياس مستوى الصوت ودرجة شدته.

• الطرق المثلى للتحكم فى التلوث الضوضائي والضجيجي.

6. ما أهم العوامل التى تؤثر على مقدرة السمع وإستمراريته؟

7. ما الفرق بين الطنين وخطل السمع؟

8. كيف يمكن إستخدام المعادلة التالية لإيجاد متوسط التعرض اليومى الشخصــى للصوت؟

$$L_{EP,d} = 10 Log([(m[P_A (t)/P_{ref}]^2)]/T_o)$$

9. أى من الآتى يمثل خطراً على سمع الانسان؟ ولماذا؟

• الطائرات النفاثة.

• بوق السيارة.

• منظف شفط الأوساخ المنزلى.

10. كيف يمكن قياس شدة التلوث بالضوضاء والضجيج؟

11. ما الأهداف العامة من التحكم فى التلوث الضوضائي والسمعي؟

12. اكمل العناوين المفقودة باستخدام الكلمات والعبارات التالية (السلوك العدواني، فوق الصوتية، الضوضاء المجتمعية، الموجة الصوتية، بالأصوات الداخليـــة، الضوضاء المهنية)

- ضوضاء الطيران والمطارات هي من نوع ....
- دفق السوائل المضطرب والمائر هو من نوع ....
- يطلق على الأصوات ذات التردد العالى إسم................
- تسـمى الإهـــتزازات للــتى يقــل ترددهـــا عـــن تـــردد الصوت ....
- .... هي شكل من أشكال نقل الصوت، والتي لا يمكـــن أن تنتقل في الفراغ.
- الضوضاء الأعلى من قيمة 80 ديسيبل قد تزيد من.............. للفرد.

13. بين ما إذا كانت الجمل التالية صحيحة أو خاطئة:

- تزداد سرعة الصوت فى الماء عنها في الهواء (...........)
- تزداد سرعة الصوت في الهواء بازدياد درجة حرارة. (........)
- يتأثر الصوت ويتلاشى بتضاؤل موجة الصوت من الوسط المرسل لهـــا. (...........)
- إن الأذن لا تعتاد على الضوضاء العالية. (...........)
- استخدام الالعاب النارية مع مستوى الضوضاء العاليةقـد تضر نظـام السمع البشري خاصة لصغار الأطفال. (...........)
- عامة نستخدم كوائم الصوت للتحكم فى الصوت النلتـــج مـــن الأجهـــزة الميكانيكية والماكينات وفى مسار الهواء السريع. (...........)
- كل صوت يصدر هو نوع من أنواع الضجيج. (...........)

14. ضع خط أسفل أفضل كلمة أو عبارة (بين قوسين) لتقديم جملة مفيدة.

- لكل زيادة 10 ديسيبل في SPL، فهناك عشـــرة أضـــعاف زيـــادة فـــي (شدة/سعة/طول) موجة الصوت.

- مستوى الصوت (المئوي/المكافئ/ مستوى الصوت لليل والنهـــار) هـــو مستوى الصوت الذي لديه نفس الطاقة الصوتية كما يفعل الصوت المتغير مع الزمن على مدى الفترة الزمنية المعلنة.

- تعمل الأذن (الداخلية/الوسطى/الخارجية) كقمع تجميع، فتقــوم بـــتركيز الموجات الصوتية الواصلة إليها، ثم تقوم بتوصيلها إلى القنــاة السـمعية الخارجية.

- (مجهر الصوت/شبكة الوزن/مقياس مستوى الصوت) هو عبارة عن مبدل طاقة يعمل على تحويل تردد ضغط الصوت إلى إشارات كهربائية يسهل قياسها.

15. رتب المجموعة (أ) مع تلك المناسبة المقابلة لها من المجموعة (ج) في منطقة (العمود الأوسط) المخصص للإجابة.

المجموعة (ج)	المجموعة (ب) المناسبة المقابلة للمجموعة (أ)	المجموعة (أ)
الهيرتز		الضوضاء
الدهليز		الغشاء السمعي
السقالة الدهليزية		السعة
الغثيان		عماد القوقعة
حلزوني		الفون
الأكتين والميوسين		ترددات الصوت
خَطُل السمع		السقالة العلوية
طبلة الأذن		الأذن الداخلية
العقدة الحلزونية		كورتي
الضجيج العالي		الأهداب الساكنة
المطال		الأصوات المغلوطة
الطنين الإهتزازي		

16.

الضغط	اللمف	الصوت	قوقعة	الضوضاء
الشعور	والسندان	الهرمونات	الدهليز	خوارزمي

طابق الكلمات أو العبارات أعلاه مع التعريفات الواردة أدناه.

أ)................. هو الحركة التذبذبية ذات الموجة القصيرة في وسط مرن.

ب)تحتـــوي الأذن الوسطى علـــى ثلاث عُظَيْمَـــات سمعية تسمى: المطرقة، .... ، والرِّكَاب.

ت)إن حركة الركاب تؤدي لتغيير .... في السائل الموجـــود في الأذن الداخلية.

ث)........... الغشائي يمتلئ بسائل اللمف الباطن.

ج)المساحة صغيرة الفاصلة بين الدهليزين العظمي والغشائي تكون عادة ممتلئــة بسائل........... المحيطي.

ح)......... الأذن هي الجزء المسئول عن السمع.

خ)من الآثار المتوقعة للإثارة الليلية مــن جـــراء الضوضـــاء أنهـــا قـــد تزيـــد تركيزات........... في الدم واللعاب.

د)تجبر............ على التواصل بصوت أعلى.

ذ)إن مقياس أو تدرج الديسبل هو مقياس........... يستعمل فـــى الصـــوتيات لإيجاد نسبة شدة الصوت أو نسب ضغطه.

ر)أن أقل زيادة في التنبيه التى تنتج زيادة فـــى........... (أو الإدراك) بهــا تتناسب مع مصدر التنبيه الموجود أصلا.

تمارين عامة

1)جد محصلة مستوى الصوت عند جمع قيم الديسبل التالية: 85، 60، 72، 89، 103، 75 dB (A).

2)جد سرعة إنتقال الصوت من ماكينة ما بإفتراض أن طول الموجة الصـــوتية 84 متر وترددها 64 هيرتز.

3)جد مستوى ضغط الصوت لموجة صوتية ذات ضغط يساوى 7 باسكال.

4)تضم ورشة ميكانيكية 5 ماكينات تصدر كل منها صوتاً يقدر بحـــوالى 107، 67، 47، 85، 100 dB(A) على الترتيب. جد قيمة مستوى ضغط الصوت الصادر من الماكينات الخمس عند عملها سوياً.

5)مستوى الصوت على مسافة 4 متر قدر بحوالى 92 dB(A) ، جد مستوى الصوت على مسافة 18 متر من مصدر الصوت.

6)مستويات التلوث الضوضائي في منطقة معينة بلغت 70 و86 و79 ديســـيبل قيست خلال ساعة من نهار. جد المستوى المتوسط للتلوث السمعي بالمنطقة.

أسئلة متعددة الخيارات

1. يمكن تعريف الدوار على أنه:

1) حركة الجسم بصورة دائرية

2) إحساس حقيقي بعدم الاتزان

3) إحساس خيالي بعدم الاتزان

4) هلوسة بعدم الاتزان

2. من أول أعراض ورم الصعب السمعي:

1) طنين بالأذن

2) فقدان السمع

3) خروج إفرازات من الأذن

4) احساس الدوار

3. من الأدوية التي لها تأثيرات جانبية على الأذن:

1) المضاد الحيوي إرثرومايسين (Erythromycin)

2) المضاد الحيوي كانامايسين (Kanamycin)

3) المضاد الحيوي المترونيدازول أو الفلاجيل (Metronidazole)

4) مضاد التشنجات فينايتوين (Phenytoin)

4. من أهم أسباب التهاب الأذن الوسطى في الأطفال:

1) العقدية الرئوية (Streptococcus pneumoniae)

2) المستدمية النزلية (Haemophilus influenzae)

3) العنقودية الذهبية (Staphylococcus aureus)

4) العصوية الزائفة (Pseudomonas)

5. ما الإجابة الصحيحة فيما يخص التهاب الأذن الوسطى الحاد (ASOM)؟

1) عادة يحدث كنتيجة لالتهاب الغدة اللعابية النكفية (Parotid gland)

2) يحتاج عادة للتدخل الجراحي لإتمام الشفاء

3) أكثر الجراثيم المسببة له هي العصوية الزائفة (Pseudomonas)

4) عادة يحدث الشفاء بدون مضاعفات

6. أكثر عمر يحدث فيه التهاب الأذن الوسطى الحاد (ASOM) هو:

1) حديثي الولادة

2) الأطفال دون سن سنة

3) أول سنتين من عمر الطفل

4) أول 5 سنوات من عمر الطفل

7. أحضر طفل عمره 3 سنوات للعيادة بشكوى ألم في الأذن وحمى. بالكشف السريري تبين أن طبلة الأذن محتقنة ومنتفخة. ما أفضل علاج لهذه الحالة في رأيك؟

1) شق الغشاء السمعي وإعطاء الطفل البنسلين

2) شق الغشاء السمعي فقط كافٍ لفك الضغط عن طبلة الأذن

3) إعطاء مضاد حيوي فقط بدون تدخل جراحي

4) الانتظار لرؤية ما سنسفر عنه الأحداث

8. أحضرت طفلة عمرها 7 سنوات للعيادة وقد تم تشخيصها من قبل بالتهاب الأذن الوسطى الحاد (ASOM)، وتم إعطاؤها مضاداً حيوياً (أوجمنـــتين) ولكنها لم تستجب له. الكشف السريري بين أن الغشاء السمعي محتقن ومنتفخ. ما أفضل علاج في هذه الحالة؟

1) تغيير المضاد الحيوي بنوع آخر

2) شق طبلة الأذن جراحياً

3) إعطاؤها ستيرويد (Steroids) لتخفيف الالتهاب

4)لا شيء، المرض سيشفي نفسه بعد حين

9. تصلب الأذن (Otosclerosis) عادة يسبب:

1)فقدان سمع توصيلي أحادي الجانب (في أذن واحدة)

2)فقدان سمع توصيلي ثنائي الجانب (في الأذنين)

3)فقدان سمع عصبي أحادي الجانب

4)فقدان سمع عصبي ثنائي الجانب

10. خطل السمع الكاذب (false paracusis, or paracusis of Willis)

حالة تحدث في مرض تصلب الأذن، وهو يعني:

1)المريض يسمع أفضل في محيط ضاج (ملئ بالضوضاء)

2)المريض يسمع أفضل في محيط هادئ

3)المريض يتحدث بصوت هادئ في محيط ضاج

4)المريض يعاني من هلاوس سمعية

11. كل العبارات التالية عن تصلب الأذن (Otosclerosis) صحيحة ما عدا واحدة هي:

1)قد يكون وراثياً

2)قد يسبب الاحساس بالدوران (vertigo)

3)حبوب منع الحمل قد تسارع تقدم المرض

4)فقدان السمع يكون أحادي الجانب عادة

12. التهاب الأذن الوسطى الانصبابي (Otitis Media with Effusion) يسبب فقدان سمع بدرجة:

1)5 ديسبل

2)10 ديسبل

3)20 ديسبل

4)30 ديسبل

الإجابات:

1. ج
2. ب
3. ب
4. أ
5. د
6. ج
7. ج
8. ب
9. ب
10. أ
11. د
12. ج

المراجع والمصادر

1) Anderson, J. S. and Bratos-Anderson, M., (1993), Noise and its Measurement, Analysis, Rating and Control. Avebury Technical, Hants, England.
2) Saenz, A. L., and Stephens, R.W.B. Edi., (1986), Noise Pollution: Effects and Control. Published on Behalf of the Scope of the ICSU, by John Wiley and Sons, Schichester.
3) Vesilind, P. A. and Morgan, S. M. (2010), Introduction to Environmental Engineering - SI Version. CL Engineering; 3 edi.
4) Isaac, A., Edi. (1985), Concise Dictionary of Physics, Oxford Science Publications, Oxford University Press, Oxford.
5) Crocker, M.J. and Kessler, F.M., (1982), Noise and Noise Control. CRC Press, Inc., Boca Raton, Vol. II.
6) Thumann, A., (1990), Fundamentals of Noise Control Engineering. Prentice-Hall; 2nd edi.
7) Nathanson, J. A., and Schneider, R. A., (2014), Basic Environmental Technology: Water Supply, Waste Management and Pollution Control. Prentice Hall, 6th Edi.
8) Faulkner, L. L. Edi., (1976), Handbook of Industrial Noise Control. Industrial Press, Inc., New York.
9) Sound Research Laboratories, (1991), Noise Control in Industry, 3rd Edi. E. & F. N. Spon, An imprint of Chapman & Hall, London.
10) Bies, D. A., and Hansen, C.H., (2013), Engineering Noise Control: Theory and Practice, Science Press, 4th Edi.
11) Kamboj, N. S., (2002), Control of Noise Pollution. Deep & Deep Publications; 2nd Edi.
12) Harris, D. A., (2013), Noise Control Manual: Guidelines for Problem-Solving in the Industrial / Commercial Acoustical Environment, Springer.
13) Munjal, M. L., (2013), Noise and Vibration Control: (IIsc Lecture Notes Series - Vol 3). World Scientific Publishing Company; 1st edition.

14) Singal, S. P., (2005), Noise Pollution and Control. Alpha Science International, Ltd; 1st Edi.

15) Bhatia, S. C., (2007), Textbook of Noise Pollution and Its Control. Atlantic Publishers & Distributors (P) Ltd.

16) Hansen, C. H., (2005), Noise Control: from concept to application. Taylor & Francis.

17) Tan, K. T. and Chan, M.O.Y., Industrial Noise Control – the Singapore Experience, Occupational Health Department, Occupational Safety and Health Division, Ministry of Manpower, Singapore.

18) عبد الماجد، ع. م.، (1995)، الهندسة البيئية، دار المستقبل للطباعة والنشـر، عمان، الأردن.

19) عبد الماجد، ع. م.، (2002)، التلوث: المخـاطر والحلـول، المنظمـة العربيـة للتربية والثقافة والعلوم، تونس.

20) Berglund B, Lindvall T., (1995) Community Noise. Archives of the Center for Sensory Research. 2:1-195. Available at: http://www.who.int/docstore/peh/noise/guidelines2.html. (Accessed: 9 November 2015).

21) Barrett, K., Brooks, H., Boitano, S., Barman, S. (2010), Ganong's Review of Medical Physiology, McGraw Hill, 23rd Edi.

مرفق (1): صور شاشات البرامج المدرجة

برنامج (1-1)، شاشة التصميم:

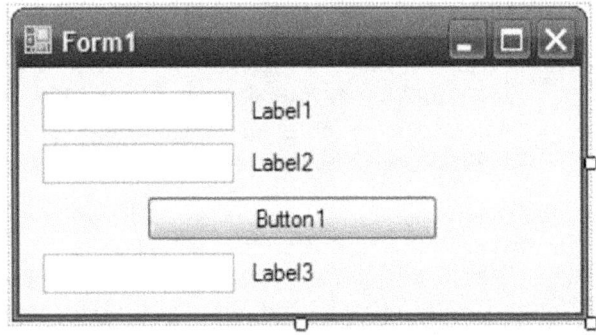

برنامج (1-1)، شاشة العمل:

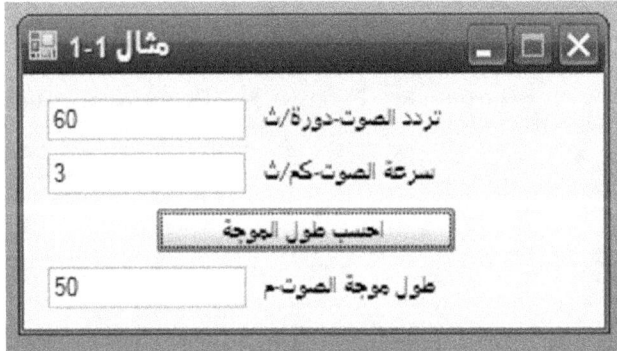

برنامج (1-3)، شاشة التصميم:

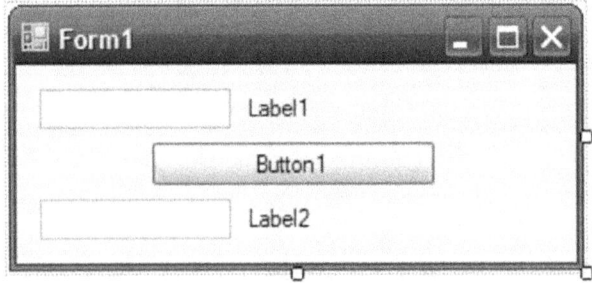

برنامج (3-1)، شاشة العمل:

برنامج (3-3)، شاشة التصميم:

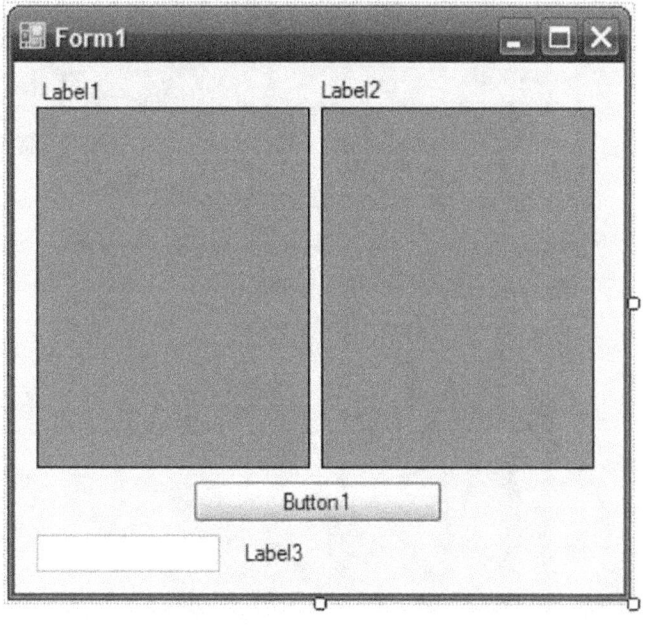

88

برنامج (3-3)، شاشة العمل:

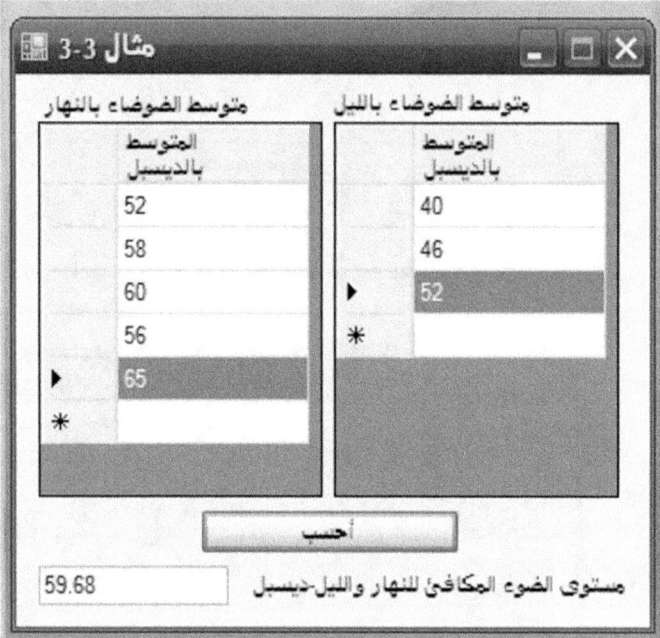

برنامج (3-4)، شاشة التصميم:

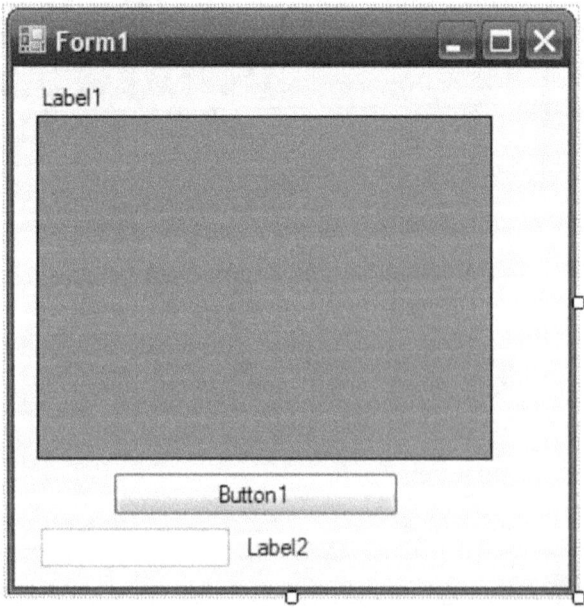

برنامج (3-4)، شاشة العمل:

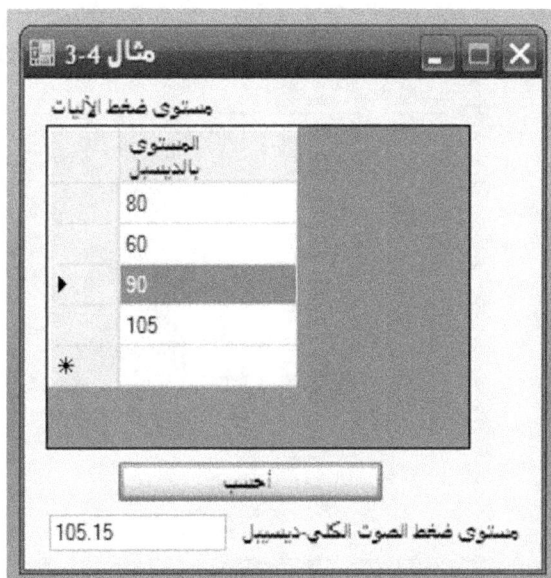

برنامج (3-5)، شاشة التصميم:

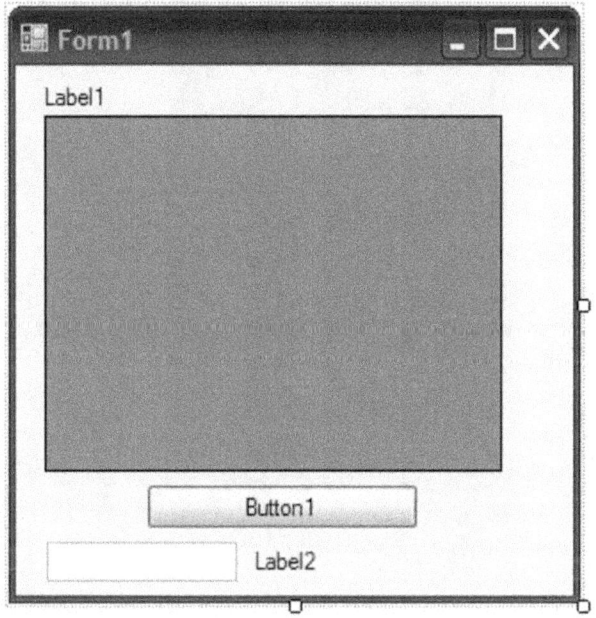

برنامج (3-5)، شاشة العمل:

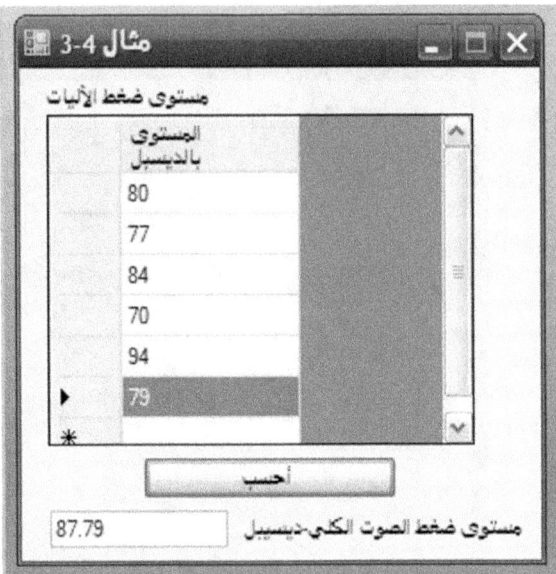

برنامج (3-6)، شاشة التصميم:

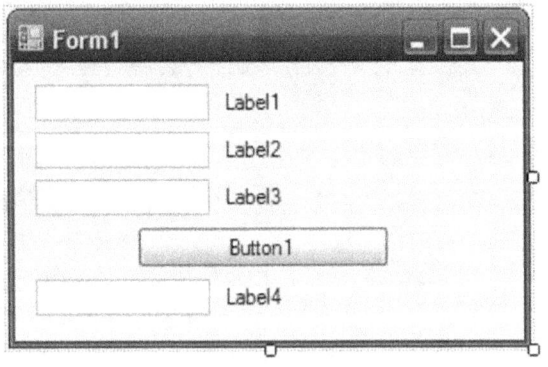

برنامج (6-3)، شاشة العمل:

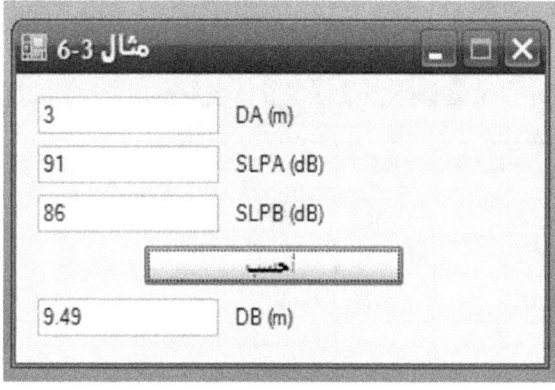

مرفق (2): القيم التوجيهية للتحكم والسيطرة على التلوث الضوضائي المجتمعي في بيئات معينة

منطقة الضوضاء والبيئة المحددة	الآثار الصحية الحرجة		منظمة الصحة العالمية[11]	
		الوقت الاساس (ساعة)	LAeq[12] [dB(A)]	LAmax fast[13] [dB]
منطقة معيشة في الهواء الطلق	* الانزعاج الشديد، خلال النهار والمساء * الانزعاج معتدل، خلال النهار والمساء	16 16	55 50	– –
– مسكن، في الداخل – غرف نوم داخلية	* وضوح الحديث والانزعاج معتدل خلال النهار والمساء * اضطراب النوم، ليلا	16 8	35 30	45
غرف نوم خارجية	اضطراب النوم، نافذة مفتوحة (القيم في الهواء الطلق)	8	45	60
غرف الصفوف المدرسية، ومرحلة ما قبل المدرسة، في الداخل	عدم وضوح الكلام، اضطراب في استخراج المعلومات، التواصل	داخل الصف	35	–
مرحلة ما قبل المدرسة	اضطراب النوم	وقت النوم	30	45

---

[11] Berglund, B., Lindvall, T and H Schwela, D. Editors () GUIDELINES FOR COMMUNITY NOISE, World Health Organization, Geneva.

[12] LAeq،T هو مكافئ مستوى متوسط الطاقة للصوت التراكمي أثناء الفترة T والذي ينبغي استخدامه لقياس الأصوات المستمرة.

[13] يجب أن يقاس الحد الأقصى لمستوى ضغط الصوت بجهاز قياس ضغط الصوت وضع بمسمى "Fast."

منظمة الصحة العالمية			الآثار الصحية الحرجة	منطقة الضوضاء
LAmax fast [dB]	LAeq [dB(A)]	الوقت الاساس (ساعة)		والبيئة المحددة
				غرف النوم، في الداخل
–	55	أثناء اللعب	الانزعاج (مصدر خارجي)	المدرسة، الملعب في الهواء الطلق
40 –	30 30	8 16	* اضطراب النوم، ليلا * اضطراب النوم، خلال النهار والمساء	المستشفى: الجناح والغرف، في الداخل
	ضغط الصوت للذروة (وليس أقصى LAF) يقاس 100 ملم من الأذن.		تدخل مع الراحة والمعافاة	المستشفيات، غرف العلاج، في الداخل
110	70	24	ضعف السمع	صناعي، التسوق التجاري ومناطق المرور، في الداخل وفي الهواء الطلق
110	100	4	ضعف السمع (الارتياد: أقل من 5 مرات في السنة)	الاحتفالات والمهرجانات وسناسبات الترفيه
110	85	1	ضعف السمع	الخطب العامة، في الداخل والخارج
110	85	1	ضعف السمع (قيمة الحقل الخالي)	الموسيقى وغيرها من الصوتيات من خلال سماعات الرأس وسماعات الأذن
140 –12	– –	– –	* ضعف السمع	الأصوات المندفعة من

منطقة الضوضاء والبيئة المحددة	الآثار الصحية الحرجة		منظمة الصحة العالمية	
		الوقت الاساس (ساعة)	LAeq [dB(A)]	LAmax fast [dB]
لعب الأطفال والألعاب النارية والاسلحة النارية	(للبالغين) * ضعف السمع (الأطفال)			
في الهواء الطلق في الحدائق والمناطق المحمية	تعطل الهدوء		ينبغي الحفاظ على المناطق الخارجية الهادئة الحالية ، ويجب أن تظل نسبة الضوضاء المتطفلة للخلفية الطبيعية للصوت منخفضة.	

مرفق (3): القيم التوجيهية ومعايير التحكم على التلوث الضوضائي والسيطرة على الضجيج

رمز المنطقة	فئة المنطقة	المعايير الهندية[14]		المعايير الماليزية[15]		المعايير السعودية[16] للضوضاء في المناطق المعمورة وعلى جانب الطريق	
		حدود (ديسيبل)، [17]dB(A) Leq		حدود (ديسيبل)، [18]dB(A) Leq		الحد الأقصى للضوضاء مقاسة على خط الملكية، على ألا تتجاوز 10٪ من الوقت الذي تم قياسه (ديسيبل)	
		فترة النهار (6) صباحا إلى 10 ليلا)	فترة الليل (10 ليلا إلى 7 صباحا)	فترة النهار (6 صباحا إلى 10 ليلا)	فترة الليل (10 ليلا إلى 7 صباحا)		
(A) المنطقـــــة الصــــــناعية المخصصة	المنطقة الصناعية	75	70	70	60	1. السكنية والمؤسسية 50 2. الأعمال الصغيرة والتجارية 65 3. الصناعية 75	

---

[14] Ministry of Environment and Forests, (2000) The noise pollution (regulation and control) rules.

[15] Dept. of Environment, Ministry of Natural Resources and Environment, (2007) The Planning Guidelines for Environmental Noise Limits and Control, Malaysia.

[16] Environmental Control Department, (2004)Royal Commission for Jubail and Yanbu, Kingdom of Saudi Arabia, Royal Commission Environmental Regulations.

[17] dB(A) Leq المتوسط التراكمي الزمني لمستوى الصوت بالديسيبل على مقياس A المتعلق بالسمع عند البشر.

[18] dB(A) Leq المتوسط التراكمي الزمني لمستوى الصوت بالديسيبل على مقياس A المتعلق بالسمع عند البشر.

L10 18 hours in dBA (المعيار يمثل مستوى الضوضاء التي تجاوزت 10٪ من الوقت المتجاوز 18 ساعة.)						مناطق على الطريق، المعايير موضوعة اعتمادا حرية تدفق حركة المرور أو ذروتها
	55	65	55	65	المنطقة التجارية	(B) منطقة الأعمال التجارية
70 (مستوى الضوضاء المقاس على مسافة متر واحد من واجهة المبنى)	50	60				منطقة سكني المناطق الحضرية (كثافة عالية)، مناطق مخصصة للتنمية المختلطة (سكني – تجاري).
50						داخل البنليـة، النافذة مغلقة
	45	55	45	55	المنطقة السكنية	(C) منطقة الضواحي السكنية (متوسطة الكثافة) والأماكن العلمية، والمتنزهات، والمناطق الترفيهية.
	40	50	40	50	منطقة الصمت والسكون	(D) منطقة حساسة للضوضاء،

منخفضة الكثافة السكنية، منطقـــة مؤسســـــات (مدرســـــة، مستشـــــفى)، مناطق العبادة.	(منطقة لا تقل عن 100 متر حول المشافي والمدارس التعليمية والمحاكم ودور العبادة وغيرها من المناطق المحددة بهذا التصنيف من السلطات المختصة)					

عن المؤلفين

الأستاذ الدكتور المهندس المستشار/ عصام محمد عبد الماجد أحمد

- من مواليد مدينة رفاعة للنوربالريف السوداني في 19 يوليو 1952م.
- تلقى تعليمه الأولي برفاعة، والمتوسط بأبي حراز، والثانوي برفاعة.
- تخرج فى قسم الهندسة المدنية بجامعة الخرطوم بالسودان بمرتبة الشرف الأولى 1977. نال دبلوم الري من جامعة بادوفا بإيطاليا 1978. حصل على ماجستير الهندسة الصحية من جامعة دلفت بهولندا، 1979. نال الدكتوراه في الهندسة البيئية من جامعة استراثكلايد ببريطانيا 1982.

- للمؤلف كوكبة من البحوث والأوراق العلمية المتخصصة والكتب الدراسية والمراجع العلمية والمصادر المهنية المتخصصة (بـ اللغتين العربية والإنكليزية) فاز بعض منها بالجوائز التقديرية الرفيعة.

- عمل مهندساً بالمؤسسة العامة للري والحفريات بوزارة الري والموارد المائية (مينا)، وأميناً عاماً للمجلس القومي لرعاية الثقافة والفنون بوزارة الثقافة والإعلام (الخرطوم)، وأستاذاً جامعياً في جامعات: الخرطوم (الخرطوم)، والإمارات العربية المتحدة (العين)، والسلطان قابوس (مسقط)، وأم درمان الإسلامية (أم درمان)، والسودان للعلوم والتكنولوجيا (الخرطوم)، وجوبا (الخرطوم)، ومركز البحوث والاستشارات الصناعية وأكاديمية السودان للعلوم (الخرطوم) بـوزارة العلوم والتقانة (السودان) وجامعة الملك فيصل وجامعة الدمام (المملكة العربية السعودية). وتنقل في مؤسسات التعليم العالي والبحث العلمي متقلداً مناصب إدارة الشعبة، ورئاسة القسم، ونائب العميد، والعميد،

99

ووكيل الجامعة، ومديراً ورئيساً لجامعة، ويعمل حالياً رئيساً لقسم المراجعة بمركز النشر العلمي بجامعة الدمام.

- التلفون: 00966530310018هـ 0024911620909 البريد الالكتروني: isam.abdelmagid@gmail.com، isam@enginormatics.com، iahmed@uod.edu.sa، تويتر: twitter.com/IsamAbdelmagid، فيس بوك: https://www.facebook.com/isam.m.abdelmagid، researchgate: https://www.researchgate.net/profile/Isam_Abdel-Magid، google scholar: https://www.facebook.com/isam.m.abdelmagid، linkedin: https://www.linkedin.com/nhome/?trk= ، الامازون: https://authorcentral.amazon.com/author/isamabdelmagid، الموقع الكتروني: http://sites.google.com/site/isamabdelmagid

الدكتور أخصائي الباطنية/ محمد عصام محمد عبد الماجد

- ولد في مستشفى سوبا الجامعي في الخرطوم في يوم الأحد 15 يوليو 1984م - 17 شوال 1404هـ، درس بمدارس الإمارات العربية المتحدة وسلطنة عمان والخرطوم.
- تخرج في كلية الطب بجامعة الخرطوم بالسودان 2008. أكمل التدريب الأساسي مع وزارة الصحة السودانية، ثم عمل كطبيب في قسم الطب الباطني بمستشفى جامعة الرباط الجامعي بالسودان، ومستشفى أملج بوزارة الصحة بالمملكة العربية السعودية، ووزارة الصحة - مستشفى ومجمع عيادات خصب بسلطنة عمان.
- أكمل تدريبه العالي لعضوية الكليات الملكية للأطباء في المملكة المتحدة (MRCP-UK) في أجزائه الثلاثة.
- قام بالتدريس في دورات التعليم والتعلم القائم على حل المشاكل في قسم الطب الباطني بجامعة السودان العالمية بالسودان.

- طبيب مسجل لممارسة المهنة لدى المجلس الط بي الس وداني، وهيئ ة الصحة في أبو ظبي بالأمارات العربية المتحدة (HAAD)، والهيئة السعودية للتخصصات الصحية (SCHS) بالمملكة العربية الس عودية، ووزارة الصحة بسلطنة عمان.

- عضو كامل العضوية في جمعية الطب الحرج في المملكة المتحدة (SAM)، والجمعية الأوروبية لطب الطوارئ (EuSEM)، والجمعية الأوروبية للجهاز التنفسي (ERS).

- المؤلف هو أحد المراجعين النظراء مع مجلة العلوم الطبية والتجارب السريرية، والمجلة الإفريقية للعلوم الطبية.

- للمؤلف عدة براءات اختراع في برمجة أنظمة الحواسيب مفتوحة المصدر تحت نظام جنو لينوكس GNU/Linux وفي دورا لينك س Fedora Linux.

- التلف ون: 0096896705308، البريـ د الالكـ تروني: mohammed_isam1984@yahoo.com ، فيسـ بوك: https://www.facebook.com/Mohammed.Isam، الموقـ ع الكـ تروني: http://sites.google.com/site/mohammedisam2000

101